Einführung

in die

Wahrscheinlichkeitslehre

von

Dr. Bruno Borchardt.

Berlin.

Verlag von Julius Springer.

1889.

ISBN 978-3-642-50628-4 ISBN 978-3-642-50938-4 (eBook)
DOI 10.1007/978-3-642-50938-4
Softcover reprint of the hardcover 1st edition 1889

Vorwort.

Das vorliegende Buch verdankt seine Entstehung dem Bedürfnis nach einer übersichtlichen Einleitung in die Wahrscheinlichkeitsrechnung und einer klaren Darstellung ihrer Hauptsätze, welches sich mir aufdrängte, als ich vor längerer Zeit von einem jungen, auch mathematisch gebildeten Philosophen gebeten wurde, ihn in diese Rechnung einzuführen. Trotz der Wichtigkeit, welche dieser Zweig der Mathematik besitzt, trotz der Bedeutung seiner Anwendungen auch auf rein wissenschaftlichem Gebiete zufolge der auf ihm basierenden Ausgleichungsrechnung von Beobachtungen fehlte es doch an einem Lehrbuche, welches eine erste Einführung ermöglichte. Das mit Recht gerühmte Werk von Hagen: „Grundzüge der Wahrscheinlichkeitsrechnung" enthält diese Grundzüge nicht, sondern ihren weiteren Ausbau in der Methode der kleinsten Quadrate und deren Anwendungen. Nur die ersten zwanzig Seiten sind den Hauptsätzen der Wahrscheinlichkeitsrechnung gewidmet; diese enthalten aber lediglich einen Abdruck der zehn Principien, welche La Place in seinem „*Essai Philosophique Sur Les Probabilités*" als die hauptsächlichsten Resultate des Calcüls hinstellt. Obwohl sie mit erläuternden Bemerkungen versehen sind, können sie doch eine methodische Einleitung nicht ersetzen, ja, sie wirken auf den Anfänger durch die Benutzung von nicht definierten Begriffen, wie den der Ursache, sogar verwirrend ein.

Den erwähnten Mangel einer methodischen Einleitung soll das vorliegende Büchlein ersetzen; dagegen schien es nicht nötig, die Anwendungen der entwickelten Principien auf die Ausgleichungsrechnung zu geben, weil hierüber vortreffliche Werke in genügender Anzahl existieren, z. B. das erwähnte von Hagen und die grundlegenden Darstellungen von Gauss. Um jedoch die Möglichkeit der Anwendung der Wahrscheinlichkeitsrechnung auch auf Aufgaben des praktischen Lebens zu zeigen, wurden die Grundzüge der bei Lebensversicherungen nötigen Rechnungen dargestellt.

Der Verfasser glaubt, mit dem Buche ein vorhandenes Bedürfnis zu befriedigen, und hofft daher auf eine wohlwollende Beurteilung des mathematischen Publikums.

Charlottenburg, 9. Mai 1889.

B. Borchardt.

Inhalt.

I. Von der Wahrscheinlichkeit.

II. Von der Hoffnung.

III. Von den Ursachen.

IV. Anwendung auf die Lebensversicherung.

Erster Abschnitt.

Von der Wahrscheinlichkeit.

1. Das Fundament jedes wissenschaftlichen Denkens ist das Causalitätsgesetz oder der Satz vom zureichenden Grunde: „Jedes Geschehen muss einen zureichenden Grund haben. Wenn die Naturwissenschaften in letzter Hinsicht auch darauf verzichten, einen Grund für das Geschehen in der Welt überhaupt zu finden, und sich weise darauf beschränken, die Thatsachen, wie sie geschehen, zu beschreiben, so fordern sie doch, anzunehmen, dass unter gleichen Verhältnissen die gleichen Ereignisse eintreten werden, da nur unter dieser Voraussetzung Naturgesetze und -Regeln einen Sinn und Bedeutung haben. Demnach giebt es im strengen Sinne des Wortes keinen Zufall. Im Gegenteil ist es denkbar, dass sich jedes künftige Ereignis im Voraus berechnen lässt, weil es denkbar ist, dass auch die kompliciertesten Verhältnisse und ihre Ursachen einem umfassenden Verstande bekannt sind, und sie sowohl wie ihre Folgen der Rechnung unterworfen werden können. Nichts desto weniger hat das Wort „Zufall“ seine wohl berechtigte Bedeutung. Ist nämlich das Wirken der Ursachen eines Ereignisses unbekannt, so ist der Eintritt desselben zwar noch ein durch seine Ursachen völlig bestimmter, aber für uns doch ein gänzlich ungewisser. Demnach trägt er für uns den Charakter des Zufälligen, welches eben durch seine Ungewissheit charakterisiert wird. Hiernach ist klar, dass der Zufall so weit reicht, als die Unwissenheit des Menschen. Trifft z. B. A in einer Gegend, in welche zu kommen sowohl er, als auch der in seiner Nähe wohnende B nur selten Gelegenheit hat,

eben diesen *B*, so ist dieses Ereignis für *A* ein zufälliges, obschon sowohl er als auch *B* aus ganz bestimmten Gründen gerade zu dieser Zeit an jenem Orte verweilen. Würde aber ein Dritter, *C*, die Gründe kennen, welche *A* und *B* unabhängig von einander an diesen Ort führen, so würde er in ihrem Zusammentreffen nichts Zufälliges finden, vielmehr dieses Ereignis sogar vorauszusagen im Stande sein, eben weil er die Wirkung der Ursachen desselben übersieht. So ist auch eine Sonnenfinsternis für den Astronomen ein Ereignis, dessen Ursachen er so genau übersieht und in Rechnung ziehen kann, dass er seinen Eintritt bis auf Bruchteile von Sekunden genau vorherbestimmen kann; für die meisten Menschen jedoch ist dieses Ereignis ein zufälliges. Werden demnach die Zufälle bei fortschreitender Erkenntnis der Menschen mehr und mehr schwinden, so giebt es doch noch unzählige Ereignisse, bei welchen selbst der schärfste menschliche Verstand das Spiel der Ursachen zu übersehen nicht im Stande ist. Die Zahl, welche beim Aufwerfen eines möglichst gleichmässig gearbeiteten Würfels erscheinen wird, hängt sicherlich von der Führung der Hand, der Kraft des Wurfes und tausend andern Kleinigkeiten ab, die sich weder übersehen, noch in Rechnung ziehen lassen. Dieses Ereignis ist daher für alle Menschen in gleicher Weise zufällig. Ebenso das Erscheinen der Kugel, welche beim Ziehen aus einer Urne getroffen wird, die Losnummer, welche bei einer Lotterie gewinnen wird; auch die Geburtsfälle, bei welchen es rein zufällig ist, ob ein Knabe oder ein Mädchen erscheint, sowie tausend andere Ereignisse gehören hierher. Die Wissenschaft, welche sich mit diesen rein zufälligen Ereignissen beschäftigt, ist die Wahrscheinlichkeitsrechnung, welche man daher auch paradox, aber treffend die „Wissenschaft vom Zufall“ genannt hat. Diese Wissenschaft hat sowohl in theoretischer wie in praktischer Hinsicht zu ungeahnten Resultaten geführt, so dass sie heut zu Tage in vielen Lagen des Lebens ein gewichtiges Wort mitzureden hat; ja, ganze Zweige des modernen Kulturlebens, wie die Statistik und das Versicherungswesen, haben sich auf ihr aufgebaut, und ihre Bedeutung wächst beinahe täglich.

2. Um die Zufälligkeit von Ereignissen einer Rechnung unterwerfen zu können, braucht man ein Maass für diese Zufälligkeit. Nun unterscheidet man zwar im gewöhnlichen Leben nicht verschiedene Grade der Zufälligkeit, wohl aber verschiedene Grade der Wahrscheinlichkeit für das Eintreten eines zufälligen Ereignisses. Befinden sich in einer Lotterie von 100 000 Nummern 50 000 Gewinne, so sagt man, der Besitzer eines Loses habe eine grössere Wahrscheinlichkeit, einen Gewinn zu erhalten, als wenn bei derselben Anzahl Lose nur 2000 Gewinne vorhanden wären. Soll aus einer Urne, in welcher sich 100 schwarze und 2 weisse Kugeln befinden, eine gezogen werden, so hält man es für ungleich wahrscheinlicher, eine schwarze als eine weisse Kugel erscheinen zu sehen. Dagegen sagt man, es ist ebenso wahrscheinlich, dass mit einem Würfel 4 Augen geworfen werden, als 6 Augen oder eine andere bestimmte Zahl. Ueberhaupt spricht man im gewöhnlichen Leben von einer n-mal so grossen Wahrscheinlichkeit, wenn bei derselben Anzahl von möglichen Ereignissen die Anzahl derjenigen, welche das in Rede stehende zur Folge haben oder mit sich führen, n-mal so gross ist, als in einem anderen Falle. So ist im ersten der angeführten Beispiele die Wahrscheinlichkeit zu gewinnen für den Besitzer einer Losnummer der zuerst genannten Lotterie 25 mal so gross, als für den der anderen, weil 2000 in 50 000 25 mal enthalten ist. Ebenso ist das Ziehen einer schwarzen Kugel im zweiten Beispiele 50 mal so wahrscheinlich, als das einer weissen, weil 2 in 100 50 mal enthalten ist.

Noch in einem andern Sinne spricht man von einer n-fachen Wahrscheinlichkeit, nämlich, wenn bei derselben Anzahl der dem in Rede stehenden Ereignisse günstigen die Anzahl aller möglichen Ereignisse nur der n-te Teil ist. So ist offenbar das Ziehen einer schwarzen Kugel, wenn sich 10 schwarze und 10 weisse in der Urne befinden, 5 mal so wahrscheinlich, als wenn 10 schwarze und 90 weisse Kugeln darin wären, weil man das erste Mal unter 20, das zweite Mal unter 100 möglichen Ereignissen 10 dem in Rede stehenden günstige hat.

Daher muss die Wissenschaft, wenn sie sich nicht mit dem

gesunden Menschenverstand in Widerspruch setzen und so die Anwendbarkeit auf die Fälle des praktischen Lebens verlieren will, derart ein Mass für die Wahrscheinlichkeit festsetzen, dass es diesen beiden Forderungen genügt, d. h. dass die Wahrscheinlichkeit für das Eintreten eines Ereignisses, oder, wie wir von jetzt ab der Kürze halber sagen wollen, dass die Wahrscheinlichkeit eines Ereignisses bei gleicher Anzahl sämtlicher unter den gegebenen Umständen möglichen Ereignisse proportional ist der Anzahl derjenigen Ereignisse, welche das in Rede stehende unmittelbar mit sich führen oder im Gefolge haben, und bei gleicher Anzahl der zuletzt genannten Ereignisse umgekehrt proportional ist der Anzahl sämtlicher unter den gegebenen Umständen möglichen Ereignisse. Diese letzteren nennt man kurzweg die möglichen Fälle, die ersteren alsdann die dem Ereignis günstigen Fälle. Ist z. B. beim Ziehen aus einer Urne, in welcher sich 15 schwarze und 5 weisse Kugeln befinden, auf das Ziehen einer weissen Kugel ein Gewinn gesetzt, so giebt es 20 Fälle, von welchen 5 dem in Rede stehenden Ereignis, nämlich dem Gewinnen, günstig sind.

Demnach muss das gesuchte Maass die Form haben $p = k \cdot \frac{a}{m}$, wo a die Anzahl der günstigen, m die der möglichen Fälle bedeutet, und k einen noch zu bestimmenden Proportionalitätsfaktor bezeichnet.

Nun ist ersichtlich, dass, wenn alle Fälle dem Ereignis günstig sind, wie es oft bei Kinderlotterieen statt hat, wo jedes Los gewinnt, dem Ereignis keine Wahrscheinlichkeit mehr, sondern Gewissheit zukommt. Die aufgestellte Form des Maasses geht dann über in $p = k \cdot \frac{m}{m} = k$; demnach bedeutet der Proportionalitätsfaktor k die Gewissheit des in Rede stehenden Ereignisses. Giebt es dagegen keinen dem Ereignis günstigen Fall, so nimmt unser Maass die Form $p = k \cdot \frac{0}{m} = 0$ an; mithin bezeichnet die Wahrscheinlichkeit 0 die Unmöglichkeit eines Ereignisses. In der Wahl von k haben wir vollständige Freiheit; der Einfachheit halber hat man dafür die Einheit gewählt, $k = 1$ gesetzt, so dass $p = \frac{a}{m}$ ist. Demnach gelangt man zu folgender Definition.

Definition: Die mathematische Wahrscheinlichkeit eines Ereignisses ist ein Bruch, dessen Zähler die Anzahl sämtlicher dem Ereignis günstigen Fälle, und dessen Nenner die Anzahl sämtlicher unter den gegebenen Umständen möglichen Fälle bildet.

Also ist die Wahrscheinlichkeit eines Ereignisses stets durch einen echten Bruch, die Gewissheit seines Eintretens durch 1, die Unmöglichkeit desselben durch 0 ausgedrückt.

Die einem bestimmten Ereignis ungünstigen Fälle können die günstigen für ein anderes Ereignis bilden; so kann das Ziehen einer weissen Kugel einen Gewinn für A, das einer schwarzen einen Gewinn für B bedeuten, wie es bei Wetten zu sein pflegt. Die Wahrscheinlichkeit der beiden Ereignisse seien p und q. Muss eines derselben notwendig eintreten, und ist die Anzahl der dem ersten günstigen Fälle a, die Gesamtzahl der möglichen Fälle m, so ist $p = \frac{a}{m}$; offenbar ist dann $q = \frac{m-a}{m} = 1 - \frac{a}{m} = 1 - p$, also $p + q = 1$. Man nennt dann q die „Unwahrscheinlichkeit" oder „Gegenwahrscheinlichkeit" des ersten Ereignisses. Ist dieselbe grösser als $\frac{1}{2}$, so dass also $p < \frac{1}{2}$ ist, so nennt man das Ereignis unwahrscheinlich, dagegen wahrscheinlich, wenn $p > \frac{1}{2}$, sodass $q < \frac{1}{2}$ ist. Ist $p = q = \frac{1}{2}$, so heisst das Ereignis vollständig ungewiss.

3. Lehrsatz: Die Wahrscheinlichkeit eines Ereignisses, welches gewiss ist, wenn eines von mehreren anderen gleich oder ungleich wahrscheinlichen Ereignissen eintrifft, ist gleich der Summe der Wahrscheinlichkeiten dieser Ereignisse.

Beweis: Das Ereignis E trete ein, wenn eines der Ereignisse E_1, E_2, ... E_n eintritt. Die Wahrscheinlichkeiten dieser Ereignisse seien

$$p_1 = \frac{a_1}{m}, \quad p_2 = \frac{a_2}{m}, \dots p_n = \frac{a_n}{m}.$$

Mithin sind $a_1, a_2, \dots a_n$ die Anzahlen der ihnen günstigen Fälle unter m überhaupt möglichen. Da nach der Voraussetzung jeder dieser günstigen Fälle auch dem Ereignis E günstig ist, so hat dieses $a_1 + a_2 + \dots + a_n$ günstige unter m möglichen Fällen.

Also ist seine Wahrscheinlichkeit

$$p = \frac{a_1 + a_2 + \dots + a_n}{m}$$
$$= \frac{a_1}{m} + \frac{a_2}{m} + \dots + \frac{a_n}{m}$$
$$= p_1 + p_2 + \dots + p_n, \quad \text{q. e. d.}$$

Anmerkung: Dass für die Wahrscheinlichkeiten $p_1, p_2, \dots p_n$ Brüche mit demselben Nenner gewählt sind, ist keine Beschränkung der Allgemeinheit; denn nach der Definition sind die Wahrscheinlichkeiten echte Brüche, welche man also stets auf einen gemeinschaftlichen Nenner bringen kann.

Die Wahrscheinlichkeit p nennt man auch wohl die vollständige Wahrscheinlichkeit des Ereignisses E.

Beispiel: In einer Urne seien 5 rote, 3 weisse, 2 blaue und 10 schwarze Kugeln. Mit dem Ziehen einer roten, weissen oder blauen Kugel ist ein Gewinn verbunden. Die Wahrscheinlichkeiten dieser Ereignisse sind

$$p_1 = \frac{5}{20} = \frac{1}{4}, \quad p_2 = \frac{3}{20}, \quad p_3 = \frac{2}{20} = \frac{1}{10}.$$

Es folgt als Wahrscheinlichkeit des Gewinnens

$$p = \frac{1}{4} + \frac{3}{20} + \frac{1}{10} = \frac{1}{2},$$

was man auch unmittelbar einsieht, wenn man die roten, weissen und blauen Kugeln als eine einzige Gruppe von Gewinnkugeln zusammenfasst.

4. Definition: Betrachtet man unter mehreren gleich oder ungleich wahrscheinlichen Ereignissen eine bestimmte Gruppe, während man das Eintreffen oder Nicht-Eintreffen der übrigen Ereignisse ausser Acht lässt, so nennt man die Wahrscheinlichkeit eines Ereignisses dieser Gruppe, auf dieselbe bezogen, seine „relative Wahrscheinlichkeit", während man im andern Falle von absoluter Wahrscheinlichkeit spricht.

Lehrsatz: Die relative Wahrscheinlichkeit eines Ereignisses ist ein Bruch, dessen Zähler seine absolute Wahrscheinlichkeit bildet, während sein Nenner aus der Summe der absoluten Wahrscheinlichkeiten aller Ereignisse besteht, welche zu jener Gruppe gehören, auf welche die relative Wahrscheinlichkeit bezogen wird.

Beweis: Die Gruppe von Ereignissen, auf welche die relative Wahrscheinlichkeit bezogen werden soll, sei $E_1, E_2, \ldots . E_n$. Die absoluten Wahrscheinlichkeiten dieser Ereignisse seien

$$p_1 = \frac{a_1}{m}, \quad p_2 = \frac{a_2}{m}, \quad \ldots .. \quad p_n = \frac{a_n}{m}.$$

Die Summe der Anzahlen der ihnen günstigen Fälle, $a_1 + a_2 + \cdots + a_n$, bildet die Anzahl aller möglichen Fälle für die Gruppe $E_1, E_2, \ldots . E_n$, da ja die Fälle, welche andere Ereignisse herbeiführen, ausser Acht bleiben. Unter diesen sind a_i Fälle dem Ereignis E_i günstig; $(i = 1, 2, \ldots . n)$. Mithin ist dessen relative Wahrscheinlichkeit, bezogen auf diese Gruppe

$$p = \frac{a_i}{a_1 + a_2 + \cdots + a_n}$$

$$= \frac{\frac{a_i}{m}}{\frac{a_1}{m} + \frac{a_2}{m} + \cdots + \frac{a_n}{m}}$$

$$= \frac{p_i}{p_1 + p_2 + \cdots + p_n}, \quad \text{q. e. d.}$$

Beispiel: In einem Pasch Karten befinden sich unter 32 Karten 4 Könige, 4 Damen, 4 Buben. Die absoluten Wahrscheinlichkeiten für das Ziehen eines solchen Bildes sind demnach

$$p_1 = p_2 = p_3 = \frac{4}{32} = \frac{1}{8}.$$

Folglich ist die relative Wahrscheinlichkeit, einen König zu ziehen, wenn nur das Ziehen von Bildern Geltung hat

$$p = \frac{\frac{1}{8}}{\frac{1}{8}+\frac{1}{8}+\frac{1}{8}} = \frac{1}{3},$$

was man auch unmittelbar einsieht.

5. **Lehrsatz**: Die Wahrscheinlichkeit der Aufeinanderfolge oder des gleichzeitigen Eintreffens zweier von einander unabhängigen Ereignisse ist gleich dem Produkte der Wahrscheinlichkeiten dieser Ereignisse.

Beweis: Die Wahrscheinlichkeiten der einzelnen Ereignisse seien.

$$p_1 = \frac{a_1}{m_1}, \quad p_2 = \frac{a_2}{m_2}.$$

Da sich jeder Fall des ersten Ereignisses mit jedem des zweiten verbinden kann, so giebt es im ganzen offenbar $m_1 \cdot m_2$ Fälle. Da sich auch jeder günstige Fall des ersten mit jedem günstigen des zweiten verbinden kann, so giebt es für das Zusammentreffen beider $a_1 \cdot a_2$ günstige Fälle. Mithin ist die Wahrscheinlichkeit desselben

$$p = \frac{a_1 \cdot a_2}{m_1 \cdot m_2} = \frac{a_1}{m_1} \cdot \frac{a_2}{m_2} = p_1 \cdot p_2, \text{ q. e. d.}$$

Bemerkung: Das Zusammentreffen beider Ereignisse nennt man auch ein aus beiden zusammengesetztes Ereignis, und p ebenso die zusammengesetzte Wahrscheinlichkeit.

Beispiel: In einer Urne befinden sich 10 schwarze und 5 weisse Kugeln, in einer andern 6 schwarze und 6 weisse. Die Wahrscheinlichkeiten, aus diesen Urnen weiss zu ziehen, sind

$$p_1 = \frac{5}{15} = \frac{1}{3}, \quad p_2 = \frac{6}{12} = \frac{1}{2}.$$

Mithin ist die Wahrscheinlichkeit, nur weiss zu treffen, wenn aus beiden Urnen gezogen wird,

$$p = \frac{1}{3} \cdot \frac{1}{2} = \frac{1}{6}.$$

Zusatz I: Dieser Satz lässt sich ohne Weiteres auf das Zusammentreffen mehrerer Ereignisse ausdehnen, indem man zunächst das aus zweien, dann das aus dreien und mehreren zusammengesetzte Ereignis als eines auffasst und es mit dem nächsten zusammensetzt. Es ist also, wenn $p_1, p_2, \ldots . p_n$ die Wahrscheinlichkeiten der einfachen Ereignisse bedeuten, die des aus ihnen zusammengesetzten

$$p = p_1 \cdot p_2 \cdot \cdots \cdot p_n.$$

Zusatz II. Die Wahrscheinlichkeit für die n-malige Wiederholung eines Ereignisses, welches die Wahrscheinlichkeit p hat, ist p^n. Denn es ist dies nur ein specieller Fall des eben bewiesenen Satzes, indem die Wahrscheinlichkeiten der einzelnen Ereignisse einander gleich zu setzen sind.

Anmerkung: Haben die einzelnen Ereignisse gleiche Wahrscheinlichkeit, auch wenn die Ereignisse selbst verschieden sind, so gilt derselbe Satz, so dass z. B. die Wahrscheinlichkeit, mit einem Würfel hinter einander die Augen 1, 2, 3 zu werfen, dieselbe ist, als die Wahrscheinlichkeit, 3 mal hinter einander 1 zu werfen, nämlich $\left(\frac{1}{6}\right)^3 = \frac{1}{216}$. Es ist dies auch an sich klar, da unter den 216 möglichen Würfen jeder dieser beiden Würfe nur einmal vorkommt. Auf den ersten Anblick hält man bisweilen den Wurf 1, 2, 3 für wahrscheinlicher, als den Wurf 1, 1, 1. Dies liegt jedoch daran, dass er als unregelmässiger nicht besonders auffällt und daher nicht beachtet wird. Etwas anders läge die Sache beim gleichzeitigen Aufwerfen von 3 Würfeln, indem hier die Reihenfolge der Würfel nicht bestimmt ist, so dass bei dieser Anordnung 6 mal der Wurf 1, 2, 3 möglich ist, weswegen seine Wahrscheinlichkeit $\frac{6}{216} = \frac{1}{36}$ ist.

6. Definition: Ein Ereignis heisst von einem andern abhängig, wenn die Wahrscheinlichkeit seines Eintretens, also seine Wahrscheinlichkeit durch den Eintritt des anderen Ereignisses mitbestimmt oder verändert wird.

Befinden sich z. B. in einer Urne 10 schwarze und 3 weisse

Kugeln, so ist die Wahrscheinlichkeit, eine weisse Kugel zu ziehen, $\frac{3}{13}$. Hat man aber bereits eine Kngel gezogen, ohne sie zurückzulegen, so ist die Wahrscheinlichkeit für das Ziehen einer weissen Kugel eine andere geworden, nämlich $\frac{3}{12}=\frac{1}{4}$, wenn zuerst eine schwarze Kugel erschien, und $\frac{2}{12}=\frac{1}{6}$, wenn auch die zuerst gezogene Kugel weiss war. Daher ist das Ziehen einer weissen Kugel im zweiten Zuge ein von dem ersten Zuge abhängiges Ereignis.

Lehrsatz: Die Wahrscheinlichkeit der Aufeinanderfolge oder des gleichzeitigen Eintreffens zweier Ereignisse, von welchen das Eintreffen des einen auf die Wahrscheinlichkeit des andern Einfluss hat, also zweier von einander abhängigen Ereignisse, ist gleich dem Producte der Wahrscheinlichkeiten der einzelnen Ereignisse, wobei die Wahrscheinlichkeit des zweiten so zu nehmen ist, wie sie sich nach dem Eintreffen des ersten gestalten würde.

Beweis: Es sei $p_1=\frac{a_1}{m_1}$ die Wahrscheinlichkeit des ersten Ereignisses, $p_2=\frac{a_2}{m_2}$ die des zweiten nach Eintritt des ersten. Dann giebt es offenbar $m_1 m_2$ Fälle, von welchen $a_1 \cdot a_2$ dem Zusammentreffen der beiden Ereignisse günstig sind, so dass die gesuchte Wahrscheinlichkeit wird

$$p=\frac{a_1 \cdot a_2}{m_1 \cdot m_2}=\frac{a_1}{m_1} \cdot \frac{a_2}{m_2}=p_1 \cdot p_2, \text{ q. e. d.}$$

Beispiel: Die Wahrscheinlichkeit, aus einer Urne mit 10 schwarzen und 3 weissen Kugeln eine weisse zu ziehen, ist $\frac{3}{13}$. Die Wahrscheinlichkeit, dann noch einmal eine weisse zu ziehen, ist $\frac{2}{12}=\frac{1}{6}$. Mithin ist die Wahrscheinlichkeit, zweimal hinter einander weiss zu ziehen, $\frac{3}{13} \cdot \frac{1}{6}=\frac{1}{26}$.

Zusatz I: Auch dieser Satz lässt sich ohne weiteres auf

mehrere Ereignisse ausdehnen, indem man das Zusammentreffen von zwei oder mehreren Ereignissen als ein einziges ansieht. Demnach lautet er allgemein:

Die Wahrscheinlichkeit der Aufeinanderfolge oder des gleichzeitigen Eintreffens mehrerer von einander abhängigen Ereignisse ist gleich dem Produkte der Wahrscheinlichkeiten der einzelnen Ereignisse, wobei die Wahrscheinlichkeit eines jeden derselben so zu nehmen ist, wie sie sich nach dem Eintreffen der vorhergehenden gestalten würde.

Beispiel: Die Wahrscheinlichkeit, aus einer Urne mit 10 weissen, 6 roten und 4 blauen Kugeln in 3 Zügen eine weisse, rote und blaue Kugel in dieser Reihenfolge zu ziehen, ist

$$\frac{10}{20} \cdot \frac{6}{19} \cdot \frac{4}{18} = \frac{2}{57}.$$

Soll dagegen die Reihenfolge gleichgiltig sein, so ist die gesuchte Wahrscheinlichkeit gleich der Summe der Wahrscheinlichkeiten, welche dem Ziehen dieser Kugeln in verschiedener Reihenfolge zukommen (§ 3). Nun sind 6 Reihenfolgen möglich, nämlich

1) weiss,	rot,	blau.	4) rot,	blau,	weiss.
2) weiss,	blau,	rot.	5) blau,	weiss,	rot.
3) rot,	weiss,	blau.	6) blau,	rot,	weiss.

Die Wahrscheinlichkeiten für das Erscheinen der Kugeln in diesen Reihenfolgen sind

$$p_1 = \frac{10}{20} \cdot \frac{6}{19} \cdot \frac{4}{18} = \frac{2}{57} \qquad p_4 = \frac{6}{20} \cdot \frac{4}{19} \cdot \frac{10}{18} = \frac{2}{57}$$

$$p_2 = \frac{10}{20} \cdot \frac{4}{19} \cdot \frac{6}{18} = \frac{2}{57} \qquad p_5 = \frac{4}{20} \cdot \frac{10}{19} \cdot \frac{6}{18} = \frac{2}{57}$$

$$p_3 = \frac{6}{20} \cdot \frac{10}{19} \cdot \frac{4}{18} = \frac{2}{57} \qquad p_6 = \frac{4}{20} \cdot \frac{6}{19} \cdot \frac{10}{18} = \frac{2}{57}.$$

Dass diese Wahrscheinlichkeiten dieselben sind, war von vornherein zu übersehen, da die Nenner dieser Ausdrücke dieselben bleiben müssen, und die Zähler sich nur durch die Reihenfolge der Faktoren unterscheiden. Demnach ist die Wahrscheinlichkeit, drei solche Kugeln in irgend einer Reihenfolge erscheinen zu sehen,

$$p = p_1 + p_2 + p_3 + p_4 + p_5 + p_6$$
$$= 6 \cdot \frac{2}{57} = \frac{4}{19}.$$

Zusatz II: Die Wahrscheinlichkeit für die n-malige Wiederholung eines Ereignisses, wenn jede Wiederholung von dem vorherigen Eintreten abhängig ist, ist, wenn $p_1, p_2, \ldots\ldots p_n$ die einzelnen Wahrscheinlichkeiten bezeichnen

$$p = p_1 \cdot p_2 \cdot \cdots \cdots p_n.$$

Es ergiebt sich dies unmittelbar aus obigem Satze, indem auch der Wiedereintritt desselben Ereignisses als ein neues betrachtet werden kann.

7. Lehrsatz: Die Wahrscheinlichkeit, dass von zwei von einander unabhängigen Ereignissen E und E_1, welchen für sich die Wahrscheinlichkeiten p und q zukommen, unter $\mu = m + n$ Versuchen E m-mal und E_1 n-mal in irgend welcher Reihenfolge eintreten wird, ist

$$P = \frac{\mu!}{m!\,n!} p^m \cdot q^n.$$

Beweis: Setzt man eine bestimmte Ordnung für den wiederholten Eintritt der Ereignisse fest, etwa erst E m-mal hintereinander, dann E_1 n-mal hintereinander, so ist hierfür die Wahrscheinlichkeit $w = p^m \cdot q^n$ (§ 5). Für jede andere Reihenfolge ergiebt sich dieselbe Wahrscheinlichkeit, da stets in dem Ausdrucke dafür m Faktoren p und n Faktoren q auftreten, die Reihenfolge der Faktoren aber für den Wert des Produktes gleichgiltig ist. Die gesuchte Wahrscheinlichkeit P ist gleich der Summe aller dieser einzelnen unter einander gleichen Wahrscheinlichkeiten (§ 3). Die Anzahl dieser Summanden ist offenbar gleich der Zahl, welche angiebt, wie oft sich die m Ereignisse E und die n Ereignisse E_1 in irgend welcher Reihenfolge gruppieren lassen. Dieses ist aber die Anzahl der Permutationen von $m + n = \mu$ Gliedern, unter welchen sich m

gleiche einer Art und n gleiche einer andern Art befinden, mithin $\frac{\mu!}{m!\,n!}$. Es folgt demnach:

$$P = \frac{\mu!}{m!\,n!} p^m \cdot q^n, \text{ q. e. d.}$$

Anmerkung: Das gleichzeitige Eintreffen von zwei gleichen Ereignissen kann stets als Wiederholung desselben Ereignisses aufgefasst werden; doch ist dabei Vorsicht nötig, um die völlige Gleichheit der Ereignisse festzuhalten. So ist das zweimalige Aufwerfen eines Würfels, wobei erst ein Auge, dann fünf Augen erscheinen, nicht identisch mit dem Aufwerfen zweier Würfel, wobei die Augen 1 und 5 erscheinen. Denn das erste Mal ist die Reihenfolge wesentlich, das zweite Mal ist sie ausser Acht gelassen. Um die Identität mit dem zweiten Falle herzustellen, müsste man auch im ersten Falle von der Reihenfolge absehen, also die Würfe 1, 5 und 5, 1 ins Auge fassen. Will man das nicht, so müsste man im zweiten Falle beide Würfel mit Zeichen versehen, wonach man auch eine bestimmte Reihenfolge festsetzen kann.

Beispiel: Die Wahrscheinlichkeit, bei sechsmaligem Aufwerfen eines Würfels viermal 1 und zweimal 5 in beliebiger Reihenfolge erscheinen zu sehen, ist, da jedes Ereignis die Wahrscheinlichkeit $\frac{1}{6}$ hat,

$$P = \frac{6!}{4!\,2!}\left(\frac{1}{6}\right)^4\left(\frac{1}{6}\right)^2 = \frac{5}{15\,552}.$$

Zusatz I: Der bewiesene Satz lässt sich ohne Weiteres auch auf mehr als zwei Ereignisse ausdehnen. Der Gang des Beweises ist derselbe. Sind $p, q, r, \ldots$ die Wahrscheinlichkeiten der einzelnen Ereignisse, so ist die Wahrscheinlichkeit, dass dieselben resp. $m, n, l, \ldots.$ mal in einer bestimmten Reihenfolge auftreten, $w = p^m \cdot q^n \cdot r^l \ldots..$ (§ 5, Zus. I). Die Wahrscheinlichkeit für das Auftreten in beliebiger Reihenfolge ist gleich der Anzahl der möglichen Reihenfolgen dieser $m + n + l + \cdots\cdot = \mu$ Faktoren, multipliciert mit dem Werte des Produktes w, also:

$$P = \frac{\mu!}{m!\,n!\,r!\ldots.} p^m \cdot q^n \cdot r^l \ldots..$$

Zusatz II: Bemerkt man die Form der binomischen und der polynomischen Entwicklung

$$(p+q)^{\mu} = \sum_{m,n=0}^{\mu} \frac{\mu!}{m!\,n!} p^m \cdot q^n \qquad (m+n=\mu)$$

$$(p+q+r+\cdots)^{\mu} = \sum_{m,n,l,\cdots=0}^{\mu} \frac{\mu!}{m!\,n!\,l!\ldots} p^m \cdot q^n \cdot r^l \ldots\ldots \qquad (m+n+l+\cdots=\mu),$$

so sieht man, dass das allgemeine Glied dieser Entwicklungen mit den obigen Wahrscheinlichkeiten übereinstimmt.

Zusatz III: Die Wahrscheinlichkeit, dass von zwei Ereignissen E und E_1 mit den Wahrscheinlichkeiten p und q unter $\mu = m + n$ Versuchen E mindestens $(m - \varepsilon)$ mal und höchstens $(m + \varepsilon)$ mal eintrete, und E_1 in der entsprechenden zwischen $(n + \varepsilon)$ und $(n - \varepsilon)$ liegenden Anzahl, beide in beliebiger Reihenfolge, ist gleich der Summe derjenigen Glieder des Binoms $(p+q)^{\mu}$, bei welchen die Exponenten von p von $m - \varepsilon$ bis $m + \varepsilon$, die von q daher von $n + \varepsilon$ bis $n - \varepsilon$ reichen. Es ist also

$$P = \sum_{i=-\varepsilon}^{+\varepsilon} \frac{\mu!}{(m+i)!\,(n-i)!} p^{m+i} q^{n-i}.$$

Es folgt dies unmittelbar aus dem bewiesenen Satze, zusammengehalten mit § 3.

Zusatz IV: Muss von den in Rede stehenden Ereignissen bei jedem Versuche eines eintreten, ist also $p + q = 1$, so tritt E_1 $(n \pm i)$ mal ein, wenn E $(m \mp i)$ mal eintritt.

Beispiel: Die Wahrscheinlichkeit, dass bei zehnmaligem Aufwerfen einer Münze fünfmal Bild und demgemäss auch fünfmal Schrift in einer beliebigen Reihenfolge erscheint, ist gleich dem sechsten Gliede der Entwicklung $\left(\frac{1}{2} + \frac{1}{2}\right)^{10}$, also

$$P = \frac{10!}{5!\,5!} \left(\frac{1}{2}\right)^5 \cdot \left(\frac{1}{2}\right)^5 = \frac{63}{256}.$$

Die Wahrscheinlichkeit, dass bei diesem Spiel wenigstens 4 mal und höchstens 6 mal Bild, demgemäss auch Schrift in einer zwischen 6 und 4 liegenden Anzahl, diese mit eingeschlossen, erscheint, ist gleich der Summe des fünften bis siebenten Gliedes dieser Entwicklung, also

$$P = \frac{10!}{6!\,4!}\left(\frac{1}{2}\right)^6 \cdot \left(\frac{1}{2}\right)^4 + \frac{10!}{5!\,5!}\left(\frac{1}{2}\right)^5\left(\frac{1}{2}\right)^5 + \frac{10!}{4!\,6!}\left(\frac{1}{2}\right)^4\left(\frac{1}{2}\right)^6$$
$$= \frac{10!}{5!\,4!}\,\frac{1}{2^{10}}\left(\frac{1}{6}+\frac{1}{5}+\frac{1}{6}\right) = \frac{21}{32}.$$

Die Wahrscheinlichkeit, dass Bild und Schrift in einer zwischen 7 und 3 liegenden Anzahl erscheint, ist die Summe

$$P = \frac{10!}{7!\,3!}\left(\frac{1}{2}\right)^7\left(\frac{1}{2}\right)^3 + \frac{10!}{6!\,4!}\left(\frac{1}{2}\right)^6 \cdot \left(\frac{1}{2}\right)^4 + \cdots\cdots + \frac{10!}{3!\,7!}\left(\frac{1}{2}\right)^3 \cdot \left(\frac{1}{2}\right)^7$$
$$= \frac{10!}{5!\,3!\,2^{10}}\left(\frac{1}{7\cdot 6}+\frac{1}{6\cdot 4}+\frac{1}{5\cdot 5}+\frac{1}{4\cdot 6}+\frac{1}{6\cdot 7}\right) = \frac{57}{64}.$$

Die Wahrscheinlichkeit, dass Bild und Schrift in einer zwischen 10 und 0 liegenden Anzahl erscheint, ist die volle Summe der Entwicklung $\left(\frac{1}{2}+\frac{1}{2}\right)^{10}$; hierfür muss sich selbstverständlich die Gewissheit, also 1 ergeben.

Bei diesen kleinen Zahlen liess sich die Rechnung schnell erledigen; anders wird die Sache bei grösseren Zahlen. So ist die Wahrscheinlichkeit, dass bei 100-maligem Aufwerfen der Münze wenigstens 40-mal und höchstens 60-mal Schrift, und demgemäss auch Bild in einer zwischen 60 und 40 liegenden Anzahl erscheint

$$P = \frac{100!}{60!40!}\left(\frac{1}{2}\right)^{60} \cdot \left(\frac{1}{2}\right)^{40} + \frac{100!}{59!41!}\left(\frac{1}{2}\right)^{59}\left(\frac{1}{2}\right)^{41} + \cdots + \frac{100!}{40!60!}\left(\frac{1}{2}\right)^{40} \cdot \left(\frac{1}{2}\right)^{60}$$
$$= \frac{100!}{50!\,40!\,2^{100}}\left(\frac{1}{51\cdot 52\cdots 60} + \frac{1}{51\cdot 52\cdots\cdot 59\cdot 41}\right.$$
$$+ \frac{1}{51\cdot 52\cdots 58\cdot 41\cdot 42} + \cdots\cdots \frac{1}{41\cdot 42\cdots\cdot 50} + \frac{1}{41\cdot 42\cdots 49\cdot 51}$$
$$\left. + \frac{1}{41\cdot 42\cdots 48\cdot 51\cdot 52} + \cdots\cdots + \frac{1}{51\cdot 52\cdots\cdot 60}\right).$$

Die Ausrechnung dieses Ausdruckes ist nicht schwieriger als im obigen Falle, aber so zeitraubend, dass sie kaum noch durchzuführen ist. Wir kommen hierauf noch einmal zurück.

8. Lehrsatz: Sind die Wahrscheinlichkeiten zweier Ereignisse E und E_1 $p=\frac{a}{s}$, $q=\frac{b}{s}$, und hängt die Wahrscheinlichkeit des Wiedereintretens von E oder E_1 von der des schon eingetretenen selben Ereignisses in der Weise ab, dass sich dadurch Zähler und Nenner um 1 verringern, und vom Eintreten des andern in der Weise, dass dadurch der Nenner um 1 verringert wird, während der Zähler ungeändert bleibt, so ist die Wahrscheinlichkeit, dass in $\mu = m + n$ Versuchen E m-mal, E_1 n-mal in beliebiger Reihenfolge eintreten wird

$$P = \frac{\mu!}{m!\,n!}\,\frac{a^{m|-1}\,b^{n|-1}}{s^{\mu|-1}}.$$

Beweis: Setzt man eine bestimmte Reihenfolge fest, in welcher die Ereignisse eintreten sollen, etwa erst E m-mal, dann E_1 n-mal, so ist die Wahrscheinlichkeit hierfür

$$w = \frac{a\cdot(a-1)(a-2)\cdots\cdots(a-m+1)b\cdot(b-1)(b-2)\cdots\cdots(b-n+1)}{s(s-1)(s-2)\cdots(s-m+1)\cdot(s-m)(s-m-1)(s-m-2)\cdots\underbrace{(s-m-n+1)}_{(s-\mu+1).}}$$

Bei jeder andern Reihenfolge bleibt der Nenner von w vollkommen ungeändert, während sich im Zähler zufolge unserer Voraussetzungen nur die Reihenfolge der Faktoren, also der Wert nicht ändert. Es giebt nun so viel verschiedene Reihenfolgen, als die Glieder des Zählers sich permutieren lassen, wobei jedoch die m Glieder a, $(a-1)$, ... $(a-m+1)$, und die n Glieder b, $(b-1)$, ... $(b-n+1)$ als gleichartige zu betrachten sind, weil sie stets nur in dieser Reihenfolge auftreten können, also $\frac{\mu!}{m!\,n!}$. Die Summen dieser einzelnen Wahrscheinlichkeiten ist die gesuchte, also

$$P = \frac{\mu!}{m!\,n!}\,\frac{a\,(a-1)\cdots\cdots(a-m+1)\,b\,(b-1)\cdots\cdots\cdots(b-n+1)}{s\,(s-1)\cdots\cdots\cdots\cdots\cdots\cdots\cdots\cdots(s-\mu+2)\,(s-\mu+1)}$$

$$= \frac{\mu!}{m!\,n!}\,\frac{a^{m|-1}\,b^{n|-1}}{s^{\mu|-1}},\ \text{q. e. d.}$$

Beispiel: Aus einer Urne, in der sich 5 schwarze, 5 rote und 5 weisse Kugeln befinden, sollen 5 Kugeln hinter einander gezogen werden, ohne dass die gezogene Kugel wieder zurückgelegt wird. Es soll die Wahrscheinlichkeit ermittelt werden, hierbei 3 rote und 2 weisse Kugeln in beliebiger Reihenfolge zu treffen.

Die Bedingungen des obigen Satzes sind hier erfüllt; denn der Nenner der Wahrscheinlichkeit vermindert sich bei jedem Zuge um 1, der Zähler nur dann, wenn eine Kugel gleicher Farbe gezogen ist.

Nun ist hier: $a = 5$, $b = 5$, $s = 15$, $\mu = 5$, $m = 3$, $n = 2$. Demnach

$$P = \frac{5!}{3!\,2!} \frac{5^{3|-1} \cdot 5^{2|-1}}{15^{5|-1}} = \frac{100}{3003}.$$

Zusatz I: Man bemerkt wieder, dass die gesuchte Wahrscheinlichkeit das allgemeine Glied der Entwicklung

$$\frac{(a+b)^{\mu|-1}}{s^{\mu|-1}} = \sum_{m,n=0}^{\mu} \frac{\mu!}{m!\,n!} \frac{a^{m|-1}\, b^{n|-1}}{s^{\mu|-1}} \qquad (m + n = \mu)$$

ist. Demgemäss giebt die Summe der betreffenden Glieder dieser Entwicklung die Wahrscheinlichkeit, dass die Anzahlen der Wiederholungen sich in bestimmten Grenzen bewegen. Sind die Grenzen 0 und μ, so ist nach der Wahrscheinlichkeit gefragt, dass nur die Ereignisse E und E_1 in beliebiger Anzahl und Reihenfolge eintreten. Diese Wahrscheinlichkeit ist gleich der Summe aller Glieder jener Entwicklung. Muss von den Ereignissen E und E_1 eines jedesmal eintreten, wie in dem erwähnten Beispiel, falls die Urne nur weisse und rote Kugeln enthält, so ist $a + b = s$, daher die zuletzt genannte Wahrscheinlichkeit gleich 1, gleich der Gewissheit.

Zusatz II: Der Satz lässt sich ohne Schwierigkeit auf mehr als zwei Ereignisse ausdehnen. Denn indem der Nenner der Wahrscheinlichkeit sich durch das Eintreten jedes Ereignisses um 1 vermindert, der Zähler nur durch das Eintreten desselben Ereignisses, ist wieder die Wahrscheinlichkeit für das Eintreten in bestimmter Reihenfolge, E m-mal, E_1 n-mal, E_2 l-mal, ..., wenn $\frac{a}{s}$, $\frac{b}{s}$, $\frac{c}{s}$, ... die Wahrscheinlichkeiten der einzelnen Ereignisse sind,

$$w=\frac{a(a-1)\cdots(a-m+1)b(b-1)\cdots(b-n+1)c(c-1)\cdots\cdot(c-l+1)\cdots\cdot}{s(s-1)\cdots(s-m+1)(s-m)(s-m-1)\cdots(s-m-n+1)(s-m-n)\cdots(s-m-n-l+1)\cdots}$$

Ganz analog, wie im Lehrsatze, folgt hieraus die Wahrscheinlichkeit für das m-malige, n-malige, l-malige, ... Eintreten dieser Ereignisse in beliebiger Reihenfolge

$$P=\frac{\mu!}{m!\,n!\,l!\cdots}\cdot\frac{a^{m|-1}\,b^{n|-1}\,c^{l|-1}\cdots\cdot}{s^{\mu|-1}}\qquad(m+n+l+\cdots=\mu).$$

Zusatz III: Als Wahrscheinlichkeit, dass nur diese Ereignisse in einer zwischen den Grenzen 0 und μ liegenden Anzahl in beliebiger Reihenfolge eintreten, ergiebt sich auch hier als

$$P=\sum_{m,n,l,\cdots=0}^{\mu}\frac{\mu!}{m!\,n!\,l!\cdots}\,\frac{a^{m|-1}\,b^{n|-1}\,c^{l|-1}\cdots\cdot}{s^{\mu|-1}}$$
$$(m+n+l+\cdots=\mu).$$

Zusatz IV: Diese Wahrscheinlichkeit ergiebt sich noch auf anderem Wege, wodurch man zu einer algebraischen Relation gelangt. Sei nämlich p_1 die Wahrscheinlichkeit, dass eines der Ereignisse E, E_1, E_2, ... beim ersten Versuche eintrete, p_2 die, dass dasselbe beim zweiten Versuche geschehe, u. s. f., so ist

$$P=p_1\cdot p_2\cdots\cdots p_\mu.\quad(\S\ 5.)$$

Nun waren $\frac{a}{s}$, $\frac{b}{s}$, $\frac{c}{s}$, ... die Wahrscheinlichkeiten der einzelnen Ereignisse beim ersten Versuch, also ist die Wahrscheinlichkeit, dass eines derselben eintrete

$$p=\frac{a}{s}+\frac{b}{s}+\frac{c}{s}+\cdots\cdot=\frac{a+b+c+\cdots}{s}.\quad(\S\ 3.)$$

Der Nenner s der Wahrscheinlichkeiten vermindert sich bei jedem Versuche um 1, der Zähler nur dann, wenn das betreffende Ereignis eingetreten ist. Ist nun eines von denselben eingetreten, so vermindert sich doch die Summe der Zähler $(a+b+c+\cdots)$ sicher um 1, mithin ist $p_2 = \frac{a+b+c+\cdots-1}{s-1}$, $p_3 = \frac{a+b+c+\cdots\cdots-2}{s-2}$, ... folglich ist

$$P = \frac{(a+b+c)(a+b+c+\cdots-1)(a+b+c+\cdots-2)\cdots\cdots(a+b+c+\cdots\cdots-\mu+1)}{s\cdot(s-1)\cdot(s-2)\cdot\cdots\cdot(s-\mu+1)}$$

$$= \frac{(a+b+c+\cdots\cdot)^{\mu|-1}}{s^{\mu|-1}}.$$

Durch Vergleichung mit dem vorher ermittelten Werte von P ergiebt sich die algebraische Formel:

$$(a+b+c+\cdots)^{\mu|-1} = \sum_{m,n,l,\cdots=0}^{\mu} \frac{\mu!}{m!n!l!\cdots} a^{m|-1} b^{n|-1} c^{l|-1} \cdots\cdots$$

$$(m+n+l+\cdots=\mu).$$

Beispiel: Die Wahrscheinlichkeit, aus einer Urne mit 9 schwarzen, 6 roten, 5 weissen und 4 blauen Kugeln in sechs Zügen nur rote, weisse und blaue Kugeln in beliebiger Anzahl und Reihenfolge zu fassen, ist

$$P = \sum_{m,n,l=0}^{6} \frac{6!}{m!\,n!\,l!} \frac{6^{m|-1}\cdot 5^{n|-1}\cdot 4^{l|-1}}{24^{6|-1}}, \qquad (m+n+l=6)$$

$$= \frac{(6+5+4)^{6|-1}}{24^{6|-1}} = \frac{15\cdot 14\cdot 13\cdot 12\cdot 11\cdot 10}{24\cdot 23\cdot 22\cdot 21\cdot 20\cdot 19} = \frac{65}{1748}.$$

9. Die Rechnung nach den entwickelten Prinzipien ist schon bei einer kleinen Anzahl von Versuchen verhältnismässig lang und zeitraubend; sie wird schier unmöglich, wenn für μ grössere Zahlen gewählt werden sollen. Diesem Uebelstande hilft die Integralmethode ab, durch welche die betreffenden Rechnungen ermöglicht werden.

Lehrsatz: Wenn von zwei Ereignissen, E und E_1, eines bei jedem Versuche eintreten muss, und wenn die Wahrscheinlichkeit von E bei jedem Versuche p, die Wahrscheinlichkeit von E_1 demnach $q = 1 - p$ ist, so ist die wahrscheinlichste Kombination der Ereignisse bei μ Versuchen diejenige, in welcher die Zahlen ihrer Wiederholungen sich verhalten, wie ihre

Wahrscheinlichkeiten. Eine Kombination der Ereignisse wird desto wahrscheinlicher, je mehr das Verhältnis der Anzahlen der Wiederholungen der Ereignisse sich dem Verhältnis der Wahrscheinlichkeiten der Ereignisse nähert, und desto unwahrscheinlicher, je mehr jenes Verhältnis sich von diesem entfernt.

Beweis: Sei $p = \frac{a}{s}$, so ist $q = \frac{b}{s} = \frac{s-a}{s}$. Soll nun bei $\mu = m + n$ Versuchen E m-mal und E_1 n-mal eintreten und zugleich $\frac{m}{n} = \frac{p}{q}$ sein, so existieren zur Bestimmung von m und n die beiden Gleichungen

$$m + n = \mu, \quad m : n = p : q = a : b.$$

Hieraus ergiebt sich

$$m = \mu \cdot p = \mu \cdot \frac{a}{s}, \quad n = \mu \cdot q = \mu \cdot \frac{b}{s}.$$

Demnach muss, wenn m und n ganze Zahlen sein sollen, μ als ein Vielfaches von s gewählt werden. Diese beschränkende Bedingung wollen wir unserem Satze hinzufügen, indem wir $\mu = s \cdot t$ setzen. Alle möglichen Kombinationen der Ereignisse bei $\mu = st$ Versuchen sind nun, da die Reihenfolge ausser Acht bleibt

1) E	tritt	st-mal	ein,	E_1	tritt	0-mal ein.
2) E	„	$(st-1)$-mal	„ ,	E_1	„	1-mal „ .
3) E	„	$(st-2)$-mal	„ ,	E_1	„	2-mal „ .
. . .	. . .	. . .	. . .	. . .	. . .	. . .
μ) E	„	1-mal	„ ,	E_1	„	$(st-1)$-mal „ .
$\mu+1$) E	„	0-mal	„ ,	E_1	„	st-mal „ .

die Wahrscheinlichkeiten für diese Kombinationen der Ereignisse sind nach einander durch die Glieder der binomischen Entwicklung gegeben.

$$\left(\frac{a}{s} + \frac{b}{s}\right)^{st} = \sum_{x=0}^{st} \frac{(st)!}{x!\,(st-x)!} \left(\frac{a}{s}\right)^x \left(\frac{b}{s}\right)^{st-x}. \quad (\S\ 7,\ \text{Zus. II.})$$

dasjenige Glied dieser Entwicklung, in welchem die Exponenten von $\frac{a}{s}$ und $\frac{b}{s}$ $m = \mu \cdot \frac{a}{s} = a \cdot t$ und $n = \mu \cdot \frac{b}{s} = b \cdot t$ sind, lautet:

$$P = \frac{(st)!}{(at)!\,(bt)!}\left(\frac{a}{s}\right)^{at}\left(\frac{b}{s}\right)^{bt} = \frac{(st)!}{(at)!\,(bt)!}\,p^{at}\cdot q^{bt}.$$

Je nachdem man im Coefficienten dieses Gliedes die Division mit $(at)!$ oder $(bt)!$ ausführt, erhält man zwei verschiedene Formen für P, nämlich:

$$P = \frac{st\cdot(st-1)\cdots\cdots(at+1)}{(bt)!}\,p^{at}\cdot q^{bt}$$

und
$$P = \frac{st\,(st-1)\cdots\cdots\cdots(bt+1)}{(at)!}\,p^{at}\cdot q^{bt}.$$

Nun folgt aus $b = s - a$ $bt = st - at$ und $at = st - bt$; mithin hat P die beiden Formen

$$\frac{st(st-1)\cdots\cdots(st-bt+1)}{1\cdot 2\cdot 3\cdots\cdots bt}\,p^{at}\cdot q^{bt} \text{ und } \frac{st(st-1)\cdots(st-at+1)}{1\cdot 2\cdot 3\cdots\cdots at}\,p^{at}\cdot q^{bt}.$$

Bezeichnet man ferner in der Entwickelung $(p+q)^{st}$ die Glieder links von P mit $P_{,}$, $P_{,,}$, ..., diejenigen rechts mit P', P'', ..., so haben die Coefficienten dieser Glieder im Zähler und Nenner je einen Faktor weniger, als das vorhergehende resp. folgende Glied. Demnach ist

$$\begin{aligned} P &= \frac{st(st-1)\cdots\cdots(at+1)}{1\cdot 2\cdot 3\cdots\cdots bt}\,p^{at}\cdot q^{bt} \\ &= \frac{st(st-1)\cdots\cdots(bt+1)}{1\cdot 2\cdot 3\cdots\cdots at}\,p^{at}\cdot q^{bt} \end{aligned}$$

$$P_{,} = \frac{st(st-1)\cdots(at+2)}{1\cdot 2\cdots\cdots(bt-1)}\,p^{at+1}\,q^{bt-1}, \quad P' = \frac{st(st-1)\cdots(bt+2)}{1\cdot 2\cdots\cdots(at-1)}\,p^{at-1}\,q^{bt+1},$$

$$P_{,,} = \frac{st(st-1)\cdots(at+3)}{1\cdot 2\cdots\cdots(bt-2)}\,p^{at+2}\,q^{bt-2}, \quad P'' = \frac{st(st-1)\cdots(bt+3)}{1\cdot 2\cdots\cdots(at-2)}\,p^{at-2}\cdot q^{bt+2}$$

. . . .

Hieraus folgt

$$\frac{P}{P_{,}} = \frac{at+1}{bt}\cdot\frac{q}{p}, \qquad \frac{P}{P'} = \frac{bt+1}{at}\cdot\frac{p}{q}$$

$$\frac{P_{,}}{P_{,,}} = \frac{at+2}{bt-1}\cdot\frac{q}{p}, \qquad \frac{P'}{P''} = \frac{bt+2}{at-1}\cdot\frac{p}{q}$$

$$\frac{P_{,,}}{P_{,,,}} = \frac{at+3}{bt-2}\cdot\frac{q}{p}, \qquad \frac{P''}{P'''} = \frac{bt+3}{at+2}\cdot\frac{p}{q}$$

. . . .

Der Zähler aller Verhältnisse links ist qat vermehrt um eine Grösse (q, $2q$, $3q$, ...), der Nenner ist pbt vermindert um eine Grösse (0, p, $2p$, ...). Nun war aber $p = \frac{a}{s}$, $q = \frac{b}{s}$, also ist $pbt = \frac{abt}{s} = qat$; mithin sind alle diese Verhältnisse grösser als 1, was sich auch bei den Verhältnissen rechts auf dieselbe Weise ergiebt. Daraus folgt unmittelbar:

$$P > P_{,} > P_{,,} > P_{,,,} > \cdots\cdots \quad \text{und ebenso}$$
$$P > P' > P'' > P''' > \cdots\cdots, \qquad \text{q. e. d.}$$

Zugleich sieht man, dass in obigen Verhältnissen die Zähler beständig vergrössert, die Nenner beständig verkleinert werden. Daraus ergiebt sich, dass $P_{,,,}$ im Verhältnis zu $P_{,,}$ betrachtet bedeutend geringer ist, als $P_{,}$ im Verhältnis zu P betrachtet, dass also die Wahrscheinlichkeiten für die weniger wahrscheinlichen Kombinationen sehr schnell ausserordentlich gering werden.

Zusatz: Ist μ kein Vielfaches von s, so sind

$$m = \mu \cdot p = \mu \cdot \frac{a}{s} \quad \text{und} \quad n = \mu \cdot q = \mu \cdot \frac{b}{s}$$

keine ganzen Zahlen. Da jedoch in der binomischen Entwicklung $\left(\frac{a}{s} + \frac{b}{s}\right)^{\mu}$ nur ganzzahlige Exponenten auftreten, wie sich die Ereignisse ja auch nur in einer ganzen Anzahl wiederholen können, so ist die wahrscheinlichste Kombination alsdann diejenige, in welcher die Anzahl von E die μp nächstgelegene ganze Zahl ist, so dass zugleich die Anzahl von E_1 die μq nächstgelegene ganze Zahl ist. Es zeigt dies folgende Entwicklung:

Es sei wieder $p = \frac{a}{s}$, $q = \frac{b}{s} = \frac{s-a}{s}$ und $a < b$ angenommen, also $b > \frac{s}{2}$. $m : n = p : q = a : b$, $\mu = st + \varepsilon$, wo $\varepsilon < s$ ist. Es folgt $m = \mu \cdot \frac{a}{s} = (st + \varepsilon) \cdot \frac{a}{s} = at + \frac{a\varepsilon}{s}$. Nun sei g die $\frac{a \cdot \varepsilon}{s}$ zunächst gelegene ganze Zahl, welche also auch grösser $\frac{a \cdot \varepsilon}{s}$ sein darf, also $\frac{a\varepsilon}{s} = g + \frac{\vartheta}{s}$, wo $|\vartheta| < \frac{s}{2}$ ist, so ist

$$m = at + g + \frac{\vartheta}{s}.\quad n = \mu \cdot \frac{b}{s} = (st + \varepsilon)\frac{b}{s} = bt + \frac{\varepsilon(s-a)}{s} = bt + \varepsilon - \frac{\varepsilon a}{s},$$

also $n = bt + \varepsilon - g - \frac{\vartheta}{s}$. Seien nun m_1 und n_1 die bezüglichen ganzen Zahlen, so ist

$$m_1 = at + g,\quad n_1 = bt + \varepsilon - g.$$

Das betreffende Glied der binomischen Entwicklung $\left(\frac{a}{s} + \frac{b}{s}\right)^{\mu}$ lautet bei analoger Bezeichnung wie früher:

$$P = \frac{(st+\varepsilon)!}{(at+g)!\,(bt+\varepsilon-g)!}\,p^{at+g} \cdot q^{bt+\varepsilon-g}$$

oder
$$P = \frac{(st+\varepsilon)(st+\varepsilon-1)\cdots(at+g+1)}{(bt+\varepsilon-g)!}\,p^{at+g}q^{bt+\varepsilon-g}$$
$$= \frac{(st+\varepsilon)(st+\varepsilon-1)\cdots(bt+\varepsilon-g+1)}{(at+g)!}\,p^{at+g}q^{bt+\varepsilon-g}.$$

Die analogen Glieder links und rechts lauten:

$$P_{,} = \frac{(st+\varepsilon)(st+\varepsilon-1)\cdots(at+g+2)}{(bt+\varepsilon-g-1)!}\,p^{at+g+1}q^{bt+\varepsilon-g-1},$$
$$P_{,,} = \frac{(st+\varepsilon)(st+\varepsilon-1)\cdots(at+g+3)}{(bt+\varepsilon-g-2)!}\,p^{at+g+2}q^{bt+\varepsilon-g-2},$$
$$P' = \frac{(st+\varepsilon)(st+\varepsilon-1)\cdots(bt+\varepsilon-g+2)}{(at+g-1)!}\,p^{at+g-1}q^{bt+\varepsilon-g+1},$$
$$P'' = \frac{(st+\varepsilon)(st+\varepsilon-1)\cdots(bt+\varepsilon-g+3)}{(at+g-2)!}\,p^{at+g-2}\cdot q^{bt+\varepsilon-g+2}$$

. . . .

Es folgt

$$\frac{P}{P_{,}} = \frac{at+g+1}{bt+\varepsilon-g}\cdot\frac{q}{p},\qquad \frac{P}{P'} = \frac{bt+\varepsilon-g+1}{at+g}\cdot\frac{p}{q}$$
$$\frac{P_{,}}{P_{,,}} = \frac{at+g+2}{bt+\varepsilon-g-1}\cdot\frac{q}{p},\qquad \frac{P'}{P''} = \frac{bt+\varepsilon-g+2}{at+g-1}\cdot\frac{p}{q}$$

. . . .

Es ist also
$$\frac{P}{P_{,}} = \frac{(at+g)q+q}{(bt+\varepsilon-g)\cdot p}.$$

Nun ist

$$(bt+\varepsilon-g)\cdot p = (bt+\varepsilon-g)\cdot\frac{a}{s} = \frac{bta}{s} + \frac{\varepsilon a}{s} - \frac{ga}{s} = at\cdot\frac{b}{s} + g + \frac{\vartheta}{s}$$
$$-g\left(1-\frac{b}{s}\right) = atq + \frac{\vartheta}{s} + g\cdot q = (at+g)\cdot q + \frac{\vartheta}{s}.$$

Da $b > \frac{s}{2}$, $\vartheta < \frac{s}{2}$, so ist $\frac{b}{s} = q > \frac{1}{2}$, $\frac{\vartheta}{s} < \frac{1}{2}$, also auch $(at+g) \cdot q + \frac{\vartheta}{s} < (at+g) \cdot q + q$, mithin folgt $\frac{P}{P_{,}} > 1$.

Aehnlich ergiebt sich $\frac{P}{P'} > 1$.

Nun sieht man leicht, dass sämtliche Verhältnisse grösser als 1 sind; mithin folgt

$$P > P_{,} > P_{,,} > \cdots \text{ und } P > P' > P'' > \cdots, \text{ q. e. d.}$$

Beispiel: In einer Urne liegen 3 weisse und 2 schwarze Kugeln. Man zieht fünfmal je eine Kugel, wobei jedoch die gezogene Kugel jedesmal zurückgelegt wird. Hier sind sechs Kombinationen möglich, deren Wahrscheinlichkeiten die Glieder der binomischen Entwicklung geben

$$\left(\frac{3}{5}+\frac{2}{5}\right)^5 = \left(\frac{3}{5}\right)^5 + 5 \cdot \left(\frac{3}{5}\right)^4 \cdot \frac{2}{5} + 10 \cdot \left(\frac{3}{5}\right)^3 \cdot \left(\frac{2}{5}\right)^2 + 10 \cdot \left(\frac{3}{5}\right)^2 \cdot \left(\frac{2}{5}\right)^3 + 5 \cdot \frac{3}{5} \cdot \left(\frac{2}{5}\right)^4 + \left(\frac{2}{5}\right)^5.$$

Rechnet man sie aus, so ergiebt sich

$\frac{243}{3125}$ für das Erscheinen von 5 weissen u. 0 schwarzen Kugeln

$\frac{810}{3125}$ „ „ „ „ 4 „ „ 1 „ „

$\frac{1080}{3125}$ „ „ „ „ 3 „ „ 2 „ „

$\frac{720}{3125}$ „ „ „ „ 2 „ „ 3 „ „

$\frac{240}{3125}$ „ „ „ „ 1 „ „ 4 „ „

$\frac{32}{3125}$ „ „ „ „ 0 „ „ 5 „ „ .

Der wahrscheinlichste Fall ist also der, in welchem sich die Exponenten, 3 : 2, verhalten, wie die Wahrscheinlichkeiten der Ereignisse, $\frac{3}{5} : \frac{2}{5}$.

Anmerkung: Wie man sieht, ist in diesem Beispiel der wahrscheinlichste Fall an sich noch sehr ungewiss. Seine Wahrscheinlichkeit übertrifft die der andern Fälle zwar verhältnismässig stark, erreicht aber selbst noch nicht den Wert $\frac{1}{2}$, bei welchem doch erst völlige Unsicherheit herrschen würde. Diese Unwahrscheinlichkeit des wahrscheinlichsten Falles wächst sogar noch mit der Anzahl der Versuche, wie folgende Rechnung zeigt:

Es werden die Wahrscheinlichkeiten des wahrscheinlichsten Falles bei 5, 10, 15, 20, ... $5n$ Versuchen mit w_1, w_2, w_3, w_4, ... w_n bezeichnet, so ist

$$w_1 = \frac{5!}{3!2!} \cdot \frac{3^3 \cdot 2^2}{5^5} = \frac{216}{625}$$

$$w_2 = \frac{10!}{6!4!} \cdot \frac{3^6 \cdot 2^4}{5^{10}} = \frac{5!}{3!2!} \cdot \frac{3^3 \cdot 2^2}{5^5} \cdot \frac{6 \cdot 7 \cdot 8 \cdot 9 \cdot 10}{4 \cdot 5 \cdot 6 \cdot 3 \cdot 4} \cdot \frac{3^3 \cdot 2^2}{5^5} = w_1 \cdot \frac{2268}{3125} < w_1$$

$$w_3 = \frac{15!}{9!6!} \cdot \frac{3^9 \cdot 2^6}{5^{15}} = \frac{10!}{6!4!} \cdot \frac{3^6 \cdot 2^4}{5^{10}} \cdot \frac{11 \cdot 12 \cdot 13 \cdot 14 \cdot 15}{7 \cdot 8 \cdot 9 \cdot 5 \cdot 6} \cdot \frac{3^3 \cdot 2^2}{5^5} = w_2 \cdot \frac{2574}{3125} < w_2$$

$$w_4 = \frac{20!}{12!8!} \cdot \frac{3^{12} \cdot 2^8}{5^{20}} = \frac{15!}{9!6!} \cdot \frac{3^9 \cdot 2^6}{5^{15}} \cdot \frac{16 \cdot 17 \cdot 18 \cdot 19 \cdot 20}{10 \cdot 11 \cdot 12 \cdot 7 \cdot 8} \cdot \frac{3^3 \cdot 2^2}{5^5} = w_3 \cdot \frac{209304}{240625} < w_3$$

. . . .

$$w_n = \frac{(5n)!}{(3n)!\,(2n)!} \cdot \frac{3^{3n} \cdot 2^{2n}}{5^{5n}} = \frac{(5(n-1))!}{(3(n-1))!\,(2(n-1))!} \cdot \frac{3^{3(n-1)} \cdot 2^{2(n-1)}}{5^{5(n-1)}}$$

$$\times \frac{(5n-4)(5n-3) \cdots 5n}{(3n-2) \cdots 3n \cdot (2n-1) \cdot 2n} \cdot \frac{3^3 \cdot 2^2}{5^5}$$

$$= w_{n-1} \cdot \frac{\left(5-\frac{4}{n}\right) \cdot \left(5-\frac{3}{n}\right) \cdot \left(5-\frac{2}{n}\right) \cdot \left(5-\frac{1}{n}\right) \cdot 5}{\left(3-\frac{2}{n}\right) \cdot \left(3-\frac{1}{n}\right) \cdot 3 \cdot \left(2-\frac{1}{n}\right) \cdot 2} \cdot \frac{3^3 \cdot 2^2}{5^5}$$

$$= w_{n-1} \cdot \frac{\left(1-\frac{4}{5n}\right) \cdot \left(1-\frac{3}{5n}\right) \cdot \left(1-\frac{2}{5n}\right) \cdot \left(1-\frac{1}{5n}\right) \cdot 1}{\left(1-\frac{2}{3n}\right) \cdot \left(1-\frac{1}{3n}\right) \cdot 1 \cdot \left(1-\frac{1}{2n}\right) \cdot 1}$$

$$= w_{n-1} \cdot \frac{\left(1-\frac{4}{5n}\right) \cdot \left(1-\frac{3}{5n}\right) \cdot \left(1-\frac{3}{5n}+\frac{2}{25n^2}\right)}{\left(1-\frac{4}{6n}\right) \cdot \left(1-\frac{3}{9n}\right) \cdot \left(1-\frac{1}{2n}\right)}$$

$$= w_{n-1} \cdot C.$$

Die ersten beiden Faktoren des Zählers von C sind offenbar kleiner, als die entsprechenden im Nenner, da $\frac{4}{5n} > \frac{4}{6n}$ und $\frac{3}{5n} > \frac{3}{9n}$ ist. Dasselbe gilt auch vom dritten Faktor; denn es ist:

$$1 - \frac{1}{2n} - \left(1 - \frac{3}{5n} + \frac{2}{25n^2}\right) = \frac{3}{5n} - \frac{1}{2n} - \frac{2}{25n^2} = \frac{5n-4}{50n^2} > 0.$$

Mithin ist $C < 1$, also $w_n < w_{n-1}$.

Zugleich sieht man, dass das Verhältnis von $\frac{w_n}{w_{n-1}}$ mit wachsendem n gegen den Grenzwert 1 konvergiert, so dass $w_n = w_{n-1}$ (für $n = \infty$) wird.

Da schliesslich die 5 für den Beweis nicht wesentlich war, so konnte sie durch jede andere Zahl ersetzt werden, womit der Satz allgemein erwiesen ist.

Man sieht also, dass das Eintreten der Ereignisse im Verhältnis ihrer Wahrscheinlichkeiten, obwohl es die wahrscheinlichste Verteilung ist, mit der Anzahl der Versuche stets unwahrscheinlicher wird. Dagegen wird irgend eine erhebliche Abweichung von diesem Verhältnisse noch viel unwahrscheinlicher, da die Summe der Glieder um das grösste sich sehr bald der 1 nähert, so dass man die zu erwartenden Grenzen der Abweichung mit einer der Gewissheit nahen Wahrscheinlichkeit angeben kann. Hierin liegt die Bedeutung dieses Satzes für die praktische Anwendung.

Bevor wir uns zu dieser Untersuchung der wahrscheinlichen Grenzen der Abweichung wenden, wollen wir noch den Gedankengang des Beweises erwähnen, welchen La Place vom vorigen Lehrsatze giebt:

Die Bezeichnung bleibe dieselbe, wie früher, also p und $q = 1 - p$ seien die Wahrscheinlichkeiten von E und E_1. Nur setzen wir jetzt nicht voraus $p:q = m:n$, sondern wir setzen voraus, dass

$$\frac{(m+n)!}{m!\,n!} p^m \cdot q^n = k$$

der grösste Term der binomischen Entwicklung $(p+q)^{\mu}$, also das m-malige Eintreffen von E mit dem n-maligen von E_1, die wahrscheinlichste Kombination ist. Der vorhergehende und folgende Term sind alsdann:

$$\frac{(m+n)!}{(m+1)!\,(n-1)!}\,p^{m+1}\cdot q^{n-1}=k\cdot\frac{p}{q}\cdot\frac{n}{m+1} \quad \text{und}$$

$$\frac{(m+n)!}{(m-1)!\,(n+1)!}\,p^{m-1}\cdot q^{n+1}=k\cdot\frac{q}{p}\cdot\frac{m}{n+1}.$$

Es ist also

$$k>k\frac{p}{q}\cdot\frac{n}{m+1} \quad \text{und} \quad k>k\frac{q}{p}\cdot\frac{m}{n+1}, \quad \text{d. h.}$$

$$\frac{m+1}{n}>\frac{p}{q} \quad \text{und} \quad \frac{n+1}{m}>\frac{q}{p} \quad \text{oder} \quad \frac{m}{n+1}<\frac{p}{q}.$$

Also ist

$$\frac{m+1}{n}>\frac{p}{q}>\frac{m}{n+1},$$

d. i.

$$\frac{m}{n}+\frac{1}{n}>\frac{p}{q}>\frac{m}{n}\left(1-\frac{1}{n+1}\right).$$

Für sehr grosse Werte von m und n folgt hieraus

$$\frac{p}{q}=\frac{m}{n},$$

das heisst, dass beim grössten Terme, also bei der wahrscheinlichsten Anordnung die Anzahlen m und n das Verhältnis der Wahrscheinlichkeiten von E und E_1 haben. Dass es stets so ist, haben wir vorher bewiesen.

10. Lehrsatz: Zwei entgegengesetzte Ereignisse E und E_1, von welchen eines bei jedem Versuche eintreten muss, haben die Wahrscheinlichkeiten p und $q=1-p$. Alsdann ist die Wahrscheinlichkeit, dass in μ Versuchen E m'-mal eintritt, wobei m' eine beliebige zwischen $\mu p+l$ und $\mu p-l$ liegende Zahl ist:

$$P=\frac{2}{\sqrt{\pi}}\int_0^{\gamma} e^{-x^2}\,dx+\frac{e^{-\gamma^2}}{\sqrt{2\pi\mu pq}},$$

wobei $\gamma=\dfrac{l}{\sqrt{2pq\mu}}$ ist.

Beweis: Die gesuchte Wahrscheinlichkeit ist die Summe derjenigen Glieder der Entwicklung

$$(p+q)^{\mu} = \sum \frac{\mu!}{m'!\,n'!} p^{m'} \cdot q^{n'} = 1,$$

in welchen m' alle Werte zwischen $\mu p \pm l$ hat. Das grösste Glied dieser Entwicklung heisse G, und zwar ist in demselben der Exponent von p $m = \mu p$ und der von q $n = \mu q$ (§ 9). Das Glied lautet daher

$$G = \frac{\mu!}{m!\,n!} p^m \cdot q^n.$$

Nun kann man eine Fakultät als Funktion ihrer Endzahl ausdrücken, wenn diese sehr gross ist. Dies geschieht durch die sogenannte Stirling'sche Formel

$$x! = x^x\, e^{-x} \sqrt{2\pi x}.$$

Demnach ist

$$G = \frac{\mu^{\mu}\, e^{-\mu} \sqrt{2\pi\mu}}{m^m\, e^{-m} \cdot \sqrt{2\pi m}\; n^n\, e^{-n} \sqrt{2\pi n}}\, p^m\, q^n$$

$$= \frac{\mu^m \cdot p^m}{m^m} \cdot \frac{\mu^n \cdot q^n}{n^n} \cdot \frac{e^{-(m+n)}}{e^{-m} \cdot e^{-n}} \cdot \frac{\sqrt{2\pi\mu}}{\sqrt{2\pi m}\,\sqrt{2\pi n}}$$

$$= \left(\frac{\mu p}{m}\right)^m \cdot \left(\frac{\mu q}{n}\right)^n \cdot \frac{\sqrt{\mu}}{\sqrt{2\pi m n}}.$$

$$m = \mu p, \; n = \mu q,$$

mithin folgt

$$G = \frac{\sqrt{\mu}}{\sqrt{2\pi m n}} = \frac{1}{\sqrt{2\pi\mu p q}}.$$

Der Ausdruck

$$G = \left(\frac{\mu p}{m}\right)^m \left(\frac{\mu q}{n}\right)^n \cdot \frac{\sqrt{\mu}}{\sqrt{2\pi m n}}$$

nimmt durch Erweiterung mit $\mu \sqrt{p} \sqrt{q} \sqrt{m} \sqrt{n}$ die Gestalt an:

$$G = \left(\frac{\mu p}{m}\right)^m \sqrt{\frac{\mu p}{m}} \left(\frac{\mu q}{n}\right)^n \sqrt{\frac{\mu q}{n}}\, \frac{\sqrt{\mu}\,\sqrt{m}\,\sqrt{n}}{\mu \sqrt{p}\,\sqrt{q}\,\sqrt{2\pi m n}}$$

$$= \left(\frac{\mu p}{m}\right)^{m+\frac{1}{2}} \cdot \left(\frac{\mu q}{n}\right)^{n+\frac{1}{2}} \cdot \frac{1}{\sqrt{2\pi\mu p q}}.$$

Bezeichnet man in der Entwicklung von $(p+q)^\mu$ das l-te Glied vor G mit G_{n-l}, das l-te Glied hinter G mit G_{n+l}, so dass also $G_n = G$ ist, so ändert sich in der obigen Entwicklung, falls nur auch $m-l$ und $n-l$ so gross sind, dass die Stirling'sche Formel angewendet werden darf, nur m in $m+l$ resp. $m-l$ und n in $n-l$ resp. $n+l$; also ist

$$G_{n-l} = \left(\frac{\mu p}{m+l}\right)^{m+l+\frac{1}{2}} \cdot \left(\frac{\mu q}{n-l}\right)^{n-l+\frac{1}{2}} \cdot \frac{1}{\sqrt{2\pi\mu pq}}$$

$$G_{n+l} = \left(\frac{\mu p}{m-l}\right)^{m-l+\frac{1}{2}} \cdot \left(\frac{\mu q}{n+l}\right)^{n+l+\frac{1}{2}} \cdot \frac{1}{\sqrt{2\pi\mu pq}}.$$

Da der letzte Faktor G ist, so erhält man, wenn in den Nennern der andern Faktoren m resp. n ausgesondert wird:

$$G_{n-l} = \left(\frac{\mu p}{m}\left(\frac{1}{1+\frac{l}{m}}\right)\right)^{m+l+\frac{1}{2}} \cdot \left(\frac{\mu q}{n}\left(\frac{1}{1-\frac{l}{n}}\right)\right)^{n-l+\frac{1}{2}} \cdot G$$

$$m = \mu p,\quad n = \mu q$$

$$G_{n-l} = G \cdot \left(\frac{1}{1+\frac{l}{m}}\right)^{m+l+\frac{1}{2}} \cdot \left(\frac{1}{1-\frac{l}{n}}\right)^{n-l+\frac{1}{2}}$$

$$= G\left(1+\frac{l}{m}\right)^{-m-l-\frac{1}{2}} \cdot \left(1-\frac{l}{n}\right)^{-n+l-\frac{1}{2}}.$$

Nun ist

$$\left(1+\frac{l}{m}\right)^{-m-l-\frac{1}{2}} = e^{(-m-l-\frac{1}{2})\,\log\mathrm{nat}\left(1+\frac{l}{m}\right)}$$

$$= e^{(-m-l-\frac{1}{2})\left(\frac{l}{m}-\frac{l^2}{2m^2}+\frac{l^3}{3m^3}-\cdots\right)}$$

$$= e^{-l-\frac{l^2+l}{2m}+\frac{\frac{l^3}{2}+\frac{3}{4}l^2}{3m^2}-+\cdots}$$

Ebenso folgt

$$\left(1-\frac{l}{n}\right)^{-n+l-\frac{1}{2}} = e^{l-\frac{l^2-l}{2n}+\frac{-\frac{l^3}{2}+\frac{3}{4}l^2}{3n^2}-+\cdots}$$

Mit Vernachlässigung derjenigen Glieder, welche höhere Potenzen von m und n im Nenner haben, ist dann

$$G_{n-l} = G \cdot e^{-\frac{l^2+l}{2m} - \frac{l^2-l}{2n}}$$
$$= G \cdot \left(1 - \frac{l^2+l}{2m} - \frac{l^2-l}{2n}\right).$$

In genau derselben Weise erhält man, indem man l mit $-l$ vertauscht,

$$G_{n+l} = G\left(1 - \frac{l^2-l}{2m} - \frac{l^2+l}{2n}\right).$$

Es folgt somit

$$G_{n-l} + G_{n+l} = G\left(2 - \frac{2l^2}{2m} - \frac{2l^2}{2n}\right)$$
$$= 2G\left(1 - \frac{l^2}{2}\left(\frac{1}{m} + \frac{1}{n}\right)\right)$$
$$= 2G\left(1 - \frac{l^2(n+m)}{2mn}\right)$$
$$= 2G\left(1 - \frac{l^2\mu}{2mn}\right)$$
$$= 2G \cdot e^{-\frac{l^2\mu}{2mn}}.$$

Da $m = \mu p$, $n = \mu q$ ist, ist auch

$$G_{n-l} + G_{n+l} = 2G \cdot e^{-l^2 \cdot \frac{1}{2\mu pq}}.$$

Wir bezeichnen nun $G_{n-l} + G_{n+l}$ mit $\varphi(l)$, so ist $\varphi(0) = 2G$, also $G = \frac{1}{2}\varphi(0)$.

Setzen wir ferner $$\frac{\mu}{2mn} = \frac{1}{2\mu pq} = g,$$

so ist $$G = \frac{1}{\sqrt{2\pi\mu pq}} = \frac{\sqrt{g}}{\sqrt{\pi}} = \frac{1}{2}\varphi(0),$$

und $$\varphi(l) = \frac{2\sqrt{g}}{\sqrt{\pi}} e^{-gl^2}.$$

Die gesuchte Wahrscheinlichkeit ist nun:

$$P = G_{n-l} + G_{n-l+1} + \cdots\cdots + G_{n-1} + G$$
$$+ G_{n+1} + \cdots\cdots + G_{n+l-1} + G_{n+l}$$
$$= (G_{n-l} + G_{n+l}) + (G_{n-l+1} + G_{n+l-1}) \cdots\cdots + G + G - G$$
$$= \sum_{l=0}^{l} \varphi(l) - \frac{1}{2}\varphi(0).$$

Nun ist nach einer Formel von Euler

$$\Sigma\varphi(l)=\int\varphi(l)dl-\frac{1}{2}\varphi(l)+\cdots\cdot$$

(Glieder, in welchen die Ableitungen von $\varphi(l)$ auftreten.)

Nun ist hier

$$\varphi(l)=\frac{2\sqrt{g}}{\sqrt{\pi}}e^{-gl^2}$$

$$\varphi'(l)=-\frac{4\sqrt{g}}{\sqrt{\pi}}\cdot e^{-gl^2}\cdot gl.$$

da $g=\frac{\mu}{2mn}$ von der Ordnung $\frac{1}{\mu}$ ist, kann dieser Ausdruck für $\varphi'(l)$, welcher den Faktor $g\sqrt{g}$ enthält, vernachlässigt werden, und um so mehr die übrigen Ableitungen. Man erhält daher für die gesuchte Wahrscheinlichkeit den Ausdruck

$$P=\int_0^l\varphi(l)\,dl-\frac{1}{2}\Big[\varphi(l)\Big]_0^l-\frac{1}{2}\varphi(0)$$

$$=\int_0^l\varphi(l)\,dl-\frac{1}{2}\varphi(l)+\frac{1}{2}\varphi(0)-\frac{1}{2}\varphi(0)$$

$$=\int_0^l\frac{2\sqrt{g}}{\sqrt{\pi}}e^{-gl^2}dl-\frac{\sqrt{g}}{\sqrt{\pi}}e^{-gl^2}.$$

Setzen wir $gl^2=\gamma^2$, also $\gamma=l\sqrt{g}=l\cdot\frac{1}{\sqrt{2\mu pq}}$, wie auf pag. 27 gesagt, so ist $l=\frac{\gamma}{\sqrt{g}}$, $dl=\frac{d\gamma}{\sqrt{g}}$, also

$$P=\int_0^\gamma\frac{2\sqrt{g}}{\sqrt{\pi}}e^{-\gamma^2}\frac{d\gamma}{\sqrt{g}}-\frac{e^{-\gamma^2}}{\sqrt{\pi}\cdot\sqrt{2\mu pq}}$$

$$=\frac{2}{\sqrt{\pi}}\int_0^\gamma e^{-\gamma^2}d\gamma-\frac{e^{-\gamma^2}}{\sqrt{2\pi\mu pq}}.$$

Nennen wir die Integrationsvariable x, so geht dieser Ausdruck über in

$$P = \frac{2}{\sqrt{\pi}} \int_0^\gamma e^{-x^2} dx - \frac{e^{-\gamma^2}}{\sqrt{2\pi\mu pq}}, \text{ q. e. d.}$$

Bemerkung: Auf die Auswertung des Integrals

$$\int_0^\gamma e^{-x^2} dx$$

gehe ich in diesem kurzen Grundriss nicht ein; es sind mehrfach Tafeln für dieses Integral aufgestellt, deren man sich bei der praktischen Rechnung nach dieser Formel bedienen muss.

Zusatz: Der wahrscheinlichste Wert für m' war $m = \mu p$. Hierfür ist der Ausdruck $\frac{m}{\mu} - p = 0$. Der Ausdruck $\frac{m'}{\mu} - p$ giebt die Abweichung des Verhältnisses der thatsächlichen Anzahl des Eintreffens des Ereignisses zur Gesamtzahl der Beobachtungen von dem der wahrscheinlichsten Anzahl zu dieser Gesamtzahl. Ist

$$\mu p - l \leqq m' \leqq \mu p + l,$$

so ist

$$\mu p - \gamma \sqrt{2pq\mu} \leqq m' \leqq \mu p + \gamma \sqrt{2\mu pq},$$

folglich

$$-\gamma \sqrt{\frac{2pq}{\mu}} \leqq \frac{m'}{\mu} - p \leqq + \gamma \sqrt{\frac{2pq}{\mu}}.$$

Es sind also $\pm \gamma \sqrt{\frac{2pq}{\mu}}$ die Grenzen der Abweichung des Verhältnisses $\frac{m'}{\mu}$ von dem Verhältnisse $\frac{m}{\mu}$, für welche die Wahrscheinlichkeit P besteht. Ist γ konstant, so werden dieselben für wachsendes μ immer enger, während P bei hinreichend grossem μ konstant bleibt. Je grösser also die Zahl der Versuche und Beobachtungen wird, desto geringer wird die Wahrscheinlichkeit für grössere Abweichungen von dem wahrscheinlichsten Werte.

Zweiter Abschnitt.

Von der Hoffnung.

1. Mit der Erwartung von Vorteilen verbindet sich bei den Menschen eine eigentümliche Erregung des Willens, ein Affekt, welchen man mit dem Namen „Hoffnung" bezeichnet. In derselben Weise erregt die Erwartung eines Nachteiles im Menschen einen Affekt, welcher „Besorgnis" genannt wird.

Hoffnung ist die unbeständige Fröhlichkeit, welche aus der Vorstellung einer zukünftigen oder vergangenen Sache entstanden ist, über deren Ausgang wir irgend einen Zweifel hegen.

Besorgnis ist die unbeständige Traurigkeit, welche aus der Vorstellung einer zukünftigen oder vergangenen Sache entstanden ist, über deren Ausgang wir irgend einen Zweifel hegen.

So lauten die philosophischen Definitionen dieser Affekte bei Spinoza *(Ethik, III Def. 12 u. 13, Prop. 18, Schol. 2).*

Doch können solche Definitionen, wenn sie das Wesen der Sache auch noch so deutlich bezeichnen, keine Grundlage für mathematische Betrachtungen liefern. Denn hier handelt es sich um Grössen, welche durch Rechnung mit einander verglichen werden sollen. Nun ist klar, dass eine unendliche Menge von Gegenständen und Ereignissen Ursache der Affekte „Hoffnung" und „Besorgnis" werden können, ohne dass der Grad derselben im mindesten einer rechnenden Vergleichung unterworfen werden kann. Wie hoch die Besorgnis vor Verlust teurer Angehöriger durch Tod für Jemanden anzuschlagen ist, lässt sich durchaus nicht in Zahlen angeben. Ebenso wenig, wie hoch sich die Hoffnung auf die Geburt eines Kindes, die Hoffnung auf einen gesunden Schlaf nach mehreren schlaflosen Nächten beläuft, u. s. f. bei tausend anderen Dingen. Es muss daher die Hoffnung auf das Eintreten solcher Ereignisse, deren Wert sich nicht zahlenmässig angeben lässt, ganz ausserhalb des Bereiches unserer Betrachtung bleiben. Wir beschränken uns lediglich auf Vermögens-Vorteile und -Nachteile und die durch dieselben erregte Hoffnung oder Besorgnis.

Nun hängt die Hoffnung, welche ein bestimmter zu erwartender Gewinn erregt, von einer Anzahl von Momenten ab, welche sich ebenfalls nicht der Rechnung unterwerfen lassen. In erster Reihe maassgebend ist die Empfänglichkeit des betreffenden Individuums für derartige Affekte; so werden viele Menschen durch die Aussicht auf Gewinn in eine geradezu wahnsinnige Aufregung versetzt, so dass sie buchstäblich den Gebrauch ihrer Verstandeskräfte verlieren, während Andere durch dieselbe Aussicht kaum merklich erregt werden. Allerdings lässt sich nicht leugnen, dass die verschiedene sociale Stellung der Personen zum Teil diesen Umstand verursacht; so ist klar, dass die Aussicht auf einen Gewinn oder Verlust von 1000 Mark einen stärkeren Affekt bei einem armen Manne hervorbringen muss, welcher durch das Nicht-Eintreten des ersteren oder Eintreten des letzteren vielleicht in Gefahr gerät, aus seiner Wohnung vertrieben zu werden und keinen Ort zu haben, wo er und seine Familie ihr Haupt hinlegen können, als bei einem in geordneten Verhältnissen lebenden Manne oder gar bei einem Millionär. Diese Umstände sowie die Verschiedenheit der vorher erwähnten psychologischen Momente müssen wir ebenfalls ausser Acht lassen, wenn wir mit der Hoffnung und Besorgnis rechnen wollen. Es bleiben uns daher, wenn wir die durch die Aussicht auf verschiedene Gewinne oder Verluste erregten Affekte mit einander vergleichen wollen, als bestimmende Momente nur die Grösse des Gewinnes oder Verlustes selbst, sowie die Wahrscheinlichkeit des Ereignisses, von welchem dieser Gewinn oder Verlust abhängt. Dabei ist offenbar, dass nach dem gewöhnlichen Sprachgebrauch die Grösse des Affektes diesen beiden Umständen proportional ist. Die

Aussicht auf 200 Mark erregt unter sonst gleichen Verhältnissen eine doppelt so grosse Freudigkeit, als die auf 100 Mark. Ebenso erregt die Aussicht auf einen Gewinn von 200 Mark die doppelte Freudigkeit, als unter sonst gleichen Umständen die Aussicht auf denselben Gewinn, wenn das Eintreten desselben im zweiten Falle nur halb so wahrscheinlich ist, als im ersten. Demnach müssen die Hoffnung und Besorgnis so definirt werden, dass sie dem Produkte aus dem zu erwartenden Gewinn oder Verlust in seine Wahrscheinlichkeit unter sonst gleichen Umständen proportional sind. Zählen wir einen Verlust als negativen Gewinn, so ergiebt sich die Besorgnis von selbst als der negative Wert einer gleich grossen Hoffnung. Daher stellen wir folgende Definition auf:

Definition: Die mathematische Hoffnung, welche die Aussicht auf einen Gewinn erregt, wird das Produkt aus der Grösse dieses Gewinnes in die Wahrscheinlichkeit des Ereignisses genannt, mit dessen Eintreten er verbunden ist, noch multipliciert mit einer für uns als konstant zu betrachtenden Grösse, welche von dem Vermögen der betreffenden Person und von psychologischen Momenten abhängt.

Nennt man diese Konstante k, den zu erwartenden Gewinn g, die Wahrscheinlichkeit des Ereignisses, von welchem derselbe abhängt p, so ist der analytische Ausdruck der so definierten mathematischen Hoffnung

$$s = k \cdot p \cdot g.$$

Setzt man $g = 1$ und $p = 1$, so wird

$$s = k.$$

Nun bedeutet die Wahrscheinlichkeit 1 die Gewissheit. Demnach wird die Hoffnung mit demjenigen fröhlichen Affekte als Einheit verglichen, welchen die Gewissheit des der Geldeinheit gleichen Vermögensvorteiles hervorbringt. Der Einfachheit halber wird häufig die Konstante $k = 1$ gesetzt. Dann wird

$$s = p \cdot g$$

und für $p = 1$, $g = 1$, auch

$$s = 1.$$

Folgerung: Ist ein mit Gewissheit zu erwartender Gewinn gleich pg, so ist die durch ihn erregte Fröhlichkeit gleich $k \cdot pg$, also dieselbe, welche durch einen mit der Wahrscheinlichkeit p zu erwartenden Gewinn g erregt wird. Der gewisse Gewinn vom Werte pg ist also gleichwertig mit dem mit der Wahrscheinlichkeit p zu erwartenden Gewinne vom Werte g.

2. Lehrsatz: Die Hoffnung, welche die Aussicht auf verschiedene Gewinne $g_1, g_2, \ldots$ erregt, ist gleich der Summe der Hoffnungen, welche die einzelnen Aussichten erregen.

Beweis: Seien zunächst die verschiedenen Gewinne einander gleich, also $g_1 = g_2 = g_3 = \cdots\cdots = g$, so ist die Wahrscheinlichkeit für den Gewinn g, falls $p_1, p_2, p_3 \ldots$ die Wahrscheinlichkeiten für die einzelnen Gewinne bedeuten, $p_1 + p_2 + p_3 + \cdots$; also ist die erregte Hoffnung

$$s = k \cdot (p_1 + p_2 + p_3 + \cdots) \cdot g = kp_1g + kp_2g + kp_3g + \cdots\cdot, \text{ q. e. d.}$$

Seien nunmehr $g_1, g_2, g_3, \ldots$ von einander verschieden, und zwar sei g_1 der grösste dieser Gewinne. Alsdann erweckt g_2 mit der Wahrscheinlichkeit p_2 dieselbe Hoffnung kg_2p_2, als der Gewinn g_1 mit der Wahrscheinlichkeit $\frac{p_2g_2}{g_1}$, nämlich $k \cdot g_1 \cdot \frac{p_2g_2}{g_1} = kg_2p_2$; ebenso die übrigen Gewinne mit den ihnen zukommenden Wahrscheinlichkeiten dieselbe Hoffnung, als g_1 mit der Wahrscheinlichkeit $\frac{p_3g_3}{g_1}, \ldots\ldots$ Mithin ist die ganze erweckte Hoffnung zufolge des eben bewiesenen Falles

$$s = k\left(p_1 + \frac{p_2g_2}{g_1} + \frac{p_3g_3}{g_1} + \cdots\cdots\right) \cdot g_1$$
$$= kp_1g_1 + kp_2g_2 + kp_3g_3 + \cdots\cdots, \text{ q. e. d.}$$

Anmerkung: In dem obigen Satze ist kein Unterschied gemacht worden zwischen dem Falle, dass unabhängig von einander mehrere Gewinne zu erwarten sind, und dem, dass zwar mehrere Gewinne in Aussicht stehen, aber das Eintreten des einen das der andern ausschliesst oder ihre Wahrscheinlichkeit in gewisser Weise modifiziert. Thatsächlich besteht auch ein solcher Unterschied nicht, wenn man nur sämtliche

Umstände, welche die Wahrscheinlichkeit der betreffenden Ereignisse beeinflussen, in Rechnung zieht. Ein Beispiel mag dies veranschaulichen.

Beispiel: Es seien zwei Urnen mit je 20 Kugeln vorhanden, doch enthalte die eine 16 schwarze und 4 weisse, die zweite 15 schwarze und 5 weisse Kugeln. Ich darf aus jeder Urne eine Kugel ziehen, und es wird mir versprochen, dass ich beim Treffen einer weissen jedesmal 20 M. erhalte. Dadurch wird in mir eine Hoffnung erregt, welche gleich $k \cdot \frac{4}{20} \cdot 20 + k \cdot \frac{5}{20} \cdot 20 = 9k$ ist, also der Fröhlichkeit gleichkommt, welche ein Geschenk von 9 M. in mir erregen würde, und zwar erregt die Hoffnung auf das erste Ereignis, das Ziehen einer weissen Kugel aus der ersten Urne, eine Fröhlichkeit von 4 M., das auf das zweite eine Fröhlichkeit von 5 M. Ich würde demnach dieselbe Fröhlichkeit haben, wenn ich die Berechtigung zum ersten Zuge für 4 M. oder die zum zweiten für 5 M. oder die zu beiden für 9 M. verkaufte.

Ist nun die Anordnung so getroffen, dass ich wiederum 20 M. erhalte, wenn ich eine weisse Kugel ziehe, jedoch die Bedingung hinzugefügt, dass meine Berechtigung zum zweiten Zuge erlischt, wenn im ersten Zuge schon weiss erscheint, so sinkt der zu erwartende Gewinn von 40 auf 20 M. Schlösse man nun weiter, dass die Wahrscheinlichkeit für das Ziehen einer weissen Kugel gleich $\frac{4}{20} + \frac{5}{20} = \frac{9}{20}$ ist (I, § 3), so dass man die Hoffnung zu $k \cdot \frac{9}{20} \cdot 20$, also wieder zu $9k$ erhielte, so beginge man einen Fehler. Denn da der Zug aus der zweiten Urne nur gestattet ist, wenn aus der ersten schwarz gezogen wird, so setzt sich die Wahrscheinlichkeit für das Erscheinen von weiss beim zweiten Zuge zusammen aus der Wahrscheinlichkeit, zuerst schwarz und dann weiss zu ziehen, ist also $\frac{16}{20} \cdot \frac{5}{20} = \frac{4}{20}$ (I, § 5). Mithin ist die Wahrscheinlichkeit des Gewinnes nach dem schon angeführten Satze (I, § 3) $\frac{4}{20} + \frac{4}{20} = \frac{8}{20}$, also die Hoffnung $s = k \cdot \frac{8}{20} \cdot 20$, entspräche also der durch ein Geschenk von 8 M. erregten Fröhlichkeit. Nach obigem Lehrsatze beträgt die Hoffnung

$$k \cdot \frac{4}{20} \cdot 20 + k \cdot \frac{4}{20} \cdot 20 = 8k;$$

es wäre also die Berechtigung zu jedem Zuge jetzt für 4 M. zu verkaufen.

3. Anwendung findet der Begriff der mathematischen Hoffnung bei Spielen und Wetten zwischen mehreren Personen.

Bei jeder Wette und bei jedem Spiele mit Einsatz setzt sich jeder Teil der Gefahr aus, einen bestimmten Vermögensnachteil zu erleiden, wenn ein gewisses Ereigniss eintritt, während ihm dagegen ein bestimmter Vorteil für den Fall des Nicht-Eintretens jenes oder des Eintretens eines anderen bestimmten Ereignisses versprochen wird. Demnach tritt jeder Spieler mit einer bestimmten Hoffnung und Besorgnis in das Spiel ein. Betrachten wir nur zwei Spieler und schliessen den Fall aus, in welchem keiner gewinnt, wobei dann der Einsatz für irgend einen hierfür vorherbestimmten Zweck verfällt, so dass bei uns also, wenn p und q die Wahrscheinlichkeiten des Gewinnens für A und B sind, $p + q = 1$ ist, und seien g und g' die Einsätze von A und B, so ist

die Hoffnung des A gleich $k \cdot p \cdot g'$,
" " " B " $k \cdot q \cdot g$.

Ferner

die Besorgnis des A gleich $k \cdot q \cdot g$,
" " " B " $k \cdot p \cdot g'$.

Die Hoffnung des einen Spielers ist also stets gleich der Besorgnis des anderen. Da nun die Besorgnis als negative Hoffnung eingeführt ist, so ergiebt sich

als ganze Hoffnung des A $s = kpg' - kqg$,
" " " " B $s' = kqg - kpg'$.

Hieraus folgt: $|s| = |s'|$, und zwar ist, wenn $s > 0$ ist, $s' < 0$, und wenn $s < 0$ ist, $s' > 0$.

Das Spiel heisst für einen Spieler um so vorteilhafter, je grösser s für ihn ist; es wird direkt ungünstig, wenn $s < 0$ ist. Die Billigkeit verlangt nun, dass die Vorteile beider Spieler gleich seien, d. h. dass $s = s'$ sei. In dem betrachteten Falle ist dieses nur möglich, wenn beide Werte gleich 0 sind, also wenn $kpg' = kqg$ ist. Demgemäss definieren wir:

Definition: Ein Spiel oder eine Wette heisst dann nach mathematischer Billigkeit geordnet, wenn die Hoffnungen der einzelnen Spieler gleich sind.

Zusatz: Ein Spiel zwischen zwei Spielern, von welchen der eine notwendig gewinnen muss, ist dann nach mathematischer Billigkeit geordnet, wenn die Gesammthoffnung jedes Spielers Null ist, d. h. wenn die Besorgnis jedes Spielers ebenso gross ist, als seine Hoffnung.

Lehrsatz: Soll ein Spiel zwischen zwei Spielern, von welchen der eine notwendig gewinnen muss, nach mathematischer Billigkeit geordnet sein, so müssen sich die Einsätze der Spieler ebenso verhalten, wie ihre Wahrscheinlichkeiten des Gewinnens.

Beweis: Seien p und q die Wahrscheinlichkeiten des Gewinnens für A und B, g und g' ihre Einsätze, so wird behauptet $\frac{g}{g'} = \frac{p}{q}$. Es ist nun nach der Voraussetzung der mathematischen Billigkeit $s = kpg' - kqg = 0$. Folglich $pg' = qg$, mithin

$$g : g' = p : q, \text{ q. e. d.}$$

4. Wir müssen es uns versagen, in diesem kurzen Grundriss näher auf die Theorie der Spiele und Wetten einzugehen; doch wollen wir die entwickelten Principien noch auf eines der verbreitetsten Spiele, die preussische Klassenlotterie, anwenden. Ich benutze dazu den Plan der 177ten Lotterie vom 5. Mai 1887.

Die Preussische Klassenlotterie: Der Plan dieser Lotterie ist folgender:

Es sind im ganzen 190 000 Lose vorhanden, von denen zur ersten Klasse jedoch nur 160 000 verkauft werden, während die übrigen 30 000 zu Gunsten der Lotteriekasse mitspielen. Es werden nun in der ersten Klasse 8000 Gewinne ausgespielt, und zwar je 1 Gewinn zu 30 000, 15 000, 10 000 M., 2 Gewinne zu 5000, 3 zu 3000, 4 zu 1500, 5 zu 500, 10 zu 300, 50 zu 200, 100 zu 150, 300 zu 100 und 7523 zu 60 M. Demnach haben die Wahrscheinlichkeiten dieser Gewinne für einen Losinhaber den gemeinsamen Nenner 190 000, während die Zähler 1, 1, 1, 2, 3, 4, 5, 10, 50, 100, 300, 7523 sind. Multipliziert man diese Wahrscheinlichkeiten mit den entsprechenden Gewinnen, so erhält man als die Hoffnung auf diese Gewinne wiederum Brüche mit demselben Nenner 190 000, während die Zähler lauten:

30 000, 15 000, 10 000, 10 000, 9000, 6000, 2500, 3000, 10 000, 15 000, 30 000, 451 380.

Die Summe dieser Hoffnungen, also die Hoffnung, mit welcher jeder Losbesitzer in die Ziehung zur ersten Klasse eintritt, beträgt

$$\frac{591\,880}{190\,000} = 3{,}115 \text{ M.}$$

In die zweite Klasse treten 182 000 Lose ein. Die Lotterie-Direktion gewährt jedem Gewinner aus der ersten Klasse ein Freilos für die zweite, für welches jedoch der Einsatz für die erste Klasse nachzuzahlen ist. Daher befinden sich bei der Ziehung zur zweiten Klasse wiederum 160 000 Lose in den Händen des Publikums, während 22 000 zu Gunsten der Lotteriekasse mitspielen. Es setzt sich daher die Wahrscheinlichkeit für jeden Losinhaber, in der zweiten Klasse zu gewinnen, nicht aus der zusammen, in der ersten nicht zu gewinnen, und dann in der zweiten gezogen zu werden, sondern sie ist für Alle dieselbe, unbekümmert darum, ob ein Los in der ersten Klasse gewinnt oder nicht, da der Gewinner ja ein anderes Los erhält. — In der zweiten Klasse werden 10 000 Gewinne ausgespielt, und zwar je ein Gewinn zu 45 000, 30 000, 15 000, 2 zu 10 000, 3 zu 5000, 4 zu 3000, 5 zu 1500, 10 zu 500, 50 zu 300, 100 zu 200, 300 zu 150, und 9523 zu 105 M. Die Wahrscheinlichkeiten dieser Gewinne haben im Nenner 182 000, während die Zähler lauten: 1, 1, 1, 2, 3, 4, 5, 10, 50, 100, 300, 9523. Die Hoffnungen hierauf haben denselben Nenner und die durch Multiplikation mit den Gewinnen entstandenen Zähler: 45 000, 30 000, 15 000, 20 000, 15 000, 12 000, 7500,

5000, 15 000, 20 000, 45 000, 999 915. Demnach lautet die durch die Summation dieser Grössen entstandene Gesamthoffnung für die zweite Klasse

$$\frac{1\,229\,415}{182\,000} = 6{,}755 \text{ M.}$$

Da den Gewinnern unter denselben Bedingungen, wie vorher, nämlich Nachzahlung des Einsatzes der schon gespielten Klassen, Freilose für die folgende Klasse gewährt werden, so befinden sich wieder 160 000 Lose in den Händen des Publikums, und noch 12 000 spielen nunmehr für die Lotteriekasse mit. Diesmal werden 12 000 Gewinne ausgespielt, und zwar je 1 Gewinn zu 60 000, 45 000, 30 000, 2 zu 15 000, 3 zu 10 000, 4 zu 5000, 5 zu 3000, 10 zu 1500, 50 zu 500, 100 zu 300, 300 zu 200, und 11 523 zu 155 M. Die Nenner in den Ausdrücken für die Wahrscheinlichkeiten und Hoffnungen auf diese Gewinne sind 172 000, die Zähler der Wahrscheinlichkeiten 1, 1, 1, 2, 3, 4, 5, 10, 50, 100, 300, 11 523, die der Hoffnungen 60 000, 45 000, 30 000, 30 000, 30 000, 20 000, 15 000, 15 000, 25 000, 30 000, 60 000, 1 786 065. Daher ist die Gesamthoffnung für die dritte Klasse:

$$\frac{2\,146\,065}{172\,000} = 12{,}477 \text{ M.}$$

Für die Gewinner in der dritten Klasse gilt in Bezug auf die Freilose dasselbe, wie früher; daher befinden sich zu Beginn der Ziehung zur vierten Klasse wieder 160 000 Lose in den Händen des Publikums, während die Lotterie-Direktion keines mehr besitzt. Es werden in dieser Klasse 65 000 Gewinne ausgespielt, und zwar 1 Gewinn zu 600 000, je 2 zu 300 000, 150 000, 100 000, 75 000, 50 000, 40 000, 10 zu 30 000, 25 zu 15 000, 50 zu 10 000, 100 zu 5000, 1050 zu 3000, 1100 zu 1500, 1255 zu 500, 1459 zu 300 und 59 938 zu 210 M. Demnach sind die Nenner in den Ausdrücken für die Wahrscheinlichkeiten und Hoffnungen 160 000, die Zähler der Wahrscheinlichkeiten 1, 2, 2, 2, 2, 2, 2, 10, 25, 50, 100, 1050, 1100, 1255, 1459, 59 938, die der Hoffnungen 600 000, 600 000,

300 000, 200 000, 150 000, 100 000, 80 000, 300 000, 375 000, 500 000, 500 000, 3 150 000, 1 650 000, 627 500, 437 700, 12 586 980. Die Gesammthoffnung der vierten Klasse beträgt demnach

$$\frac{22\,157\,180}{160\,000} = 138{,}482 \text{ M.}$$

Die Hoffnung beträgt also:

zur ersten Klasse:	3,115 M.
„ zweiten „	6,775 „
„ dritten „	12,477 „
„ vierten „	138,482 „
Im Ganzen:	160,85 M.

Dieses müsste daher bei Wahrung der mathematischen Billigkeit auch der Einsatz des Spielers sein. Derselbe beträgt nun 39 M. für jede Klasse, also $4 \cdot 39 = 156$ M., so dass das Spiel scheinbar sogar als sehr günstig, d. h. mehr als billig für den Spieler geordnet ist. Aber dies ist nur scheinbar; denn für jedes Los ist in jeder Klasse noch eine Schreibgebühr von 1 M. und eine Reichsstempelabgabe von 2 M. zu entrichten, so dass der Spieler für eine Hoffnung von 160,85 M. im ganzen $4 \cdot 42 = 168$ M. zu bezahlen hat. Wenn man dagegen einwendet, dass die Stempelabgabe ja nicht der Lotterie-Kasse zu Gute kommt, und selbst, wenn man auch von der Schreibgebühr absehen wollte, so stellt sich die Sache immer noch günstiger für die Lotteriekasse, als für den Spieler, und zwar aus dem Grunde, weil die Hoffnung nur scheinbar 160,85 M. beträgt, in Wirklichkeit jedoch nur $84^1/_5$ % davon, also nur 135,44 M., weil von jedem Gewinne ein Abzug von $15^4/_5$ % gemacht wird (§ 11 des Planes). Hiervon erhält allerdings der Lotterie-Einnehmer 2 %; wenn wir auch diese nicht in Rechnung bringen wollen, so bleiben immer noch $13^4/_5$ %, welche direkt in die Lotteriekasse zurückfliessen, welche zu zahlen also gewiss für den Spieler keine moralische Nötigung vorliegt. Daher erhöhen diese $13^4/_5$ % nur ganz scheinbar die Hoffnung des Spielers, welche sich ohne dieselben folgendermaassen gestaltet:

für die erste Klasse:	2,685	M.
„ „ zweite „	5,840	„
„ „ dritte „	10,755	„
„ „ vierte „	119,371	„
Im Ganzen:	138,65	M.,

so dass also die Hoffnung erheblich unter dem Einsatz, selbst wenn er nur zu 156 M. in Rechnung gebracht wird, zurückbleibt. Der Einsatz dürfte höchstens 34,66, also rund 34,75 M. für jede Klasse betragen, wenn die mathematische Billigkeit gewahrt bleiben sollte. Sonach stellt sich die Preussische Klassen-Lotterie als unbillig für den Spieler gegenüber der Lotterie-Kasse heraus, indem der Netto-Einsatz für jede Klasse um 4,25 M., also 10,9 %, oder genauer um 4,34 M., also 11,12 % zu hoch ist.

5. Wir könnten den Abschnitt von der Hoffnung hier schliessen; doch müssen wir noch auf ein Problem eingehen, welches unsere aufgestellten Regeln im Widerspruche mit den Eingebungen des gesunden Menschenverstandes zeigt, und daher bisweilen benutzt wird, die Wahrscheinlichkeitsrechnung zu diskreditieren.

Es sei folgendes Spiel verabredet:

A wirft eine Münze auf; zeigt sie Schrift, so erhält B von A 2 M., zeigt sie Bild, so wirft A von neuem; zeigt sich nunmehr Schrift, so erhält B 4 M., bei Erscheinen der Bildseite dagegen wirft A wiederum, u. s. f., indem B stets das doppelte erhält, wenn Schrift erst bei einem folgenden Wurfe erscheint, das Spiel dagegen mit dem Erscheinen der Schriftseite beendigt ist. Es fragt sich nun, welchen Einsatz B zu leisten hat, wenn eine bestimmte Anzahl Würfe als die höchste zulässige verabredet wird.

Lösung: Es seien n Würfe verabredet. Die Wahrscheinlichkeit, Schrift zu werfen, ist jedesmal gleich $\frac{1}{2}$; jedoch muss, damit das zweite Mal überhaupt geworfen werden darf, zuerst Bild erschienen sein, wofür auch die Wahrscheinlichkeit $\frac{1}{2}$ besteht. Demgemäss ist die Wahrscheinlichkeit für das

Erscheinen von Schrift im zweiten Wurfe $\frac{1}{2} \cdot \frac{1}{2} = \frac{1}{4}$ (I, § 5). Ebenso setzt sich die Wahrscheinlichkeit, im dritten Wurfe Schrift zu treffen, aus der Wahrscheinlichkeit dieses Wurfes gleich $\frac{1}{2}$ und der für das zweimalige Erscheinen von Bild gleich $\frac{1}{4}$ zusammen, ist also $\frac{1}{4} \cdot \frac{1}{2} = \frac{1}{8}$. In derselben Weise ergeben sich die Wahrscheinlichkeiten für das Erscheinen von Schrift in den folgenden Würfen. Demnach ist:

$$p_1 = \frac{1}{2},\ p_2 = \frac{1}{4},\ p_3 = \frac{1}{8} = \frac{1}{2^3},\ \ldots.\ p_n = \frac{1}{2^n}.$$

Die im Falle des Eintreffens der einzelnen Würfe zugesicherten Gewinne sind nach der Voraussetzung

$$g_1 = 2 \text{ M.},\ g_2 = 4 \text{ M.},\ g_3 = 8 = 2^3 \text{ M.},\ \ldots.\ g_n = 2^n \text{ M.}$$

Die erregte Hoffnung ist also:

$$k \cdot \frac{1}{2} \cdot 2 + k \frac{1}{4} \cdot 4 + k \cdot \frac{1}{8} \cdot 8 + \cdots\cdot + k \cdot \frac{1}{2^n} \cdot 2^n$$
$$= k + k + k + \cdots\cdots\cdot + k = n \cdot k.$$

Die Wahrscheinlichkeit zu verlieren, ist für B die, dass Bild n-mal hinter einander erscheint. Diese Wahrscheinlichkeit ist $q = \frac{1}{2^n}$. Nennen wir seinen Einsatz g, so ist die durch die Wahrscheinlichkeit q, ihn zu verlieren, erregte Besorgnis: $k \cdot g \cdot \frac{1}{2^n}$.

Die mathematische Billigkeit verlangt nun, dass

$$k \cdot g \cdot \frac{1}{2^n} = n \cdot k$$

ist. Es ergiebt sich hieraus:

$$g = n \cdot 2^n.$$

Schon für $n = 2$ ist $g = 8$ M., während der höchste zu erwartende Gewinn 4 M. ist. Mit wachsendem n wächst g ungemein, so ist bereits für $n = 10$ $g = 10 \cdot 1024 = 10\,240$ M., während doch im besten Falle nur 1024 M. gewonnen werden können. Diese Lösung widerspricht nun insofern dem gesunden Menschenverstande, als trotz der mathematischen Billigkeit die

Chancen für B ausserordentlich günstiger sind, als für A. Denn wenn auch mit wachsendem n der Einsatz des B enorm hoch wird, so wird doch auch die Wahrscheinlichkeit seines Verlustes sehr gering, während das Eintreten irgend eines, wenn auch vielleicht kleinen Gewinnes, also eines Verlustes von A, fast zur Gewissheit wird. So ist schon für $n = 10$ die Wahrscheinlichkeit für B, überhaupt einen Gewinn zu machen

$$p = p_1 + p_2 + \cdots + p_n = \frac{1}{2} + \frac{1}{4} + \cdots + \frac{1}{2^{10}} = 1 - \frac{1}{2^{10}} = \frac{1023}{1024},$$

während die Wahrscheinlichkeit, den Einsatz zu verlieren, also für A die Gewinnwahrscheinlichkeit nur $q = \frac{1}{2^{10}} = \frac{1}{1024}$ ist. Daher kann B, je grösser n, je grösser also sein Einsatz wird, diesen sogar um so eher wagen, während A fast die Gewissheit eines Verlustes hat.

Anders gestaltet sich die Sache bei dem eigentlich so genannten

Petersburger Problem: Dies unterscheidet sich von dem eben durchgeführten dadurch, dass der Einsatz g unter allen Umständen verloren ist, gleichgiltig, ob der Spieler schliesslich gewinnt oder nicht. Hier ist also nicht die Rede von einem eigentlichen Einsatz, sondern von dem Kaufpreis der durch das Spiel erregten Hoffnung, ähnlich, wie auch bei Lotterieen der Einsatz gewiss verloren ist, also den Kaufpreis der angebotenen Hoffnung bildet.

Lösung: Die Rechnung gestaltet sich hier folgendermaassen. Die Wahrscheinlichkeiten des Gewinnens für B bei den einzelnen Würfen sind wieder

$$p_1 = \frac{1}{2}, \quad p_2 = \frac{1}{4}, \quad \ldots\ldots \quad p_n = \frac{1}{2^n}.$$

Auch betragen die Gewinne wiederum 2, 4, ... 2^n M., so dass die erregte Hoffnung wiederum ist

$$k \cdot \frac{1}{2} \cdot 2 + k \cdot \frac{1}{4} \cdot 4 + \cdots + k \cdot \frac{1}{2^n} \cdot 2^n = n \cdot k.$$

Jetzt aber ist kein möglicherweise wieder zu erhaltender Einsatz zu leisten, sondern es ist diese Hoffnung durch einen bestimmten Preis zu erkaufen. Dieser Kaufpreis muss einen der Hoffnung nk gleichwertigen Affekt der Traurigkeit erregen, was durch den Verlust der Summe n geschieht. Der Kaufpreis beträgt daher n M. Wächst nun n sehr stark, so vergrössert sich auch der Kaufpreis g in demselben Maasse, ohne dass doch die Wahrscheinlichkeit, eine grössere Summe zu gewinnen, für B in demselben Maasse zunimmt. Im Gegenteil sind die grossen Gewinne bei diesem Spiele ganz unwahrscheinlich; dass z. B. erst beim fünften Wurfe Schrift erscheinen werde, hat nur die Wahrscheinlichkeit $\frac{1}{2^5}=\frac{1}{32}$, dass dies erst beim zehnten Wurfe geschehen werde, gar nur die Wahrscheinlichkeit $\frac{1}{2^{10}}=\frac{1}{1024}$ für sich. B kann also nur auf kleinere Gewinne rechnen, welche die Wahrscheinlichkeit $\frac{1}{2}, \frac{1}{4}, \frac{1}{8}, \frac{1}{16}$ haben, selbst wenn n ins Unbegrenzte vermehrt wird. Da aber dadurch der Kaufpreis g auch ins Ungemessene wächst, so zeigt sich hier ein offener Widerspruch zwischen den Eingebungen des gesunden Menschenverstandes und der mathematischen Theorie. Die letztere lässt das Spiel noch für $n = 1\,000\,000$ als nach Billigkeit geordnet für B annehmbar erscheinen, während der erstere es für offenbaren Wahnsinn erklären würde, einen Kaufpreis von $n = 1\,000\,000$ M. zu zahlen, um in einem sehr günstigen Falle $2^{10} = 1024$ M., wahrscheinlich aber noch viel weniger, etwa 2, 4, 8, 16, allenfalls 32 M. zu gewinnen, während die Gewinne, welche den Kaufpreis überragen, von $2^{20} = 1\,048\,576$ M. an, geradezu zu den Unmöglichkeiten gehören, da schon dieser nur eine Wahrscheinlichkeit von $\frac{1}{2^{20}}=\frac{1}{1\,048\,576}$ hat, und die Wahrscheinlichkeit der noch grösseren Gewinne immer mehr abnimmt.

6. Dieser klaffende Widerspruch zwischen dem Ergebnis der mathematischen Theorie und den Eingebungen des gesunden Menschenverstandes, wobei unzweifelhaft der letztere Recht hat,

rührt davon her, dass k als konstant und für alle Menschen gleich angenommen ist, während es in Wahrheit so viel verschiedene Werte hat, als es verschiedene Menschen giebt. Doch berührt der Widerspruch die psychologischen Momente gar nicht, da wir uns stets das Spiel zwischen zwei Menschen von absolut gleicher Temperaments- und Gemütsanlage denken können. Deshalb muss der Widerspruch verschwinden, wenn wir die psychologischen Momente allein durch k ausgedrückt sein lassen, die anderen seinen Wert bestimmenden Momente dagegen aus k herausnehmen. Wir setzen also jetzt fest, dass k nur von psychologischen Momenten abhängen soll, und nehmen es für die beiden Spieler als gleich an. Da in der vorigen Betrachtung in k auch der Einfluss aufgenommen war, welchen die grössere oder geringere Höhe des Vermögens auf die Afficierbarkeit eines Menschen durch bevorstehende Gewinne oder Verluste hat, so muss diesem Einfluss jetzt auf andere Weise Rechnung getragen werden.

Dass ein und dieselbe Vermögensänderung eine sehr verschiedene Bedeutung für verschieden reiche Leute hat und in ihnen verschieden starke, in ihrer Intensität von der Grösse des Vermögens abhängige Affekte erregt, ist ganz offenbar. Ebenso offenbar ist auch, dass dieser Affekt nicht umgekehrt proportional ist der Höhe des Vermögens, da ja eine Vermögensänderung von 1 M. für den Besitzer von 1 000 000 wie für den von 100 000 M. in ziemlich gleicher Weise unbedeutend ist, und selbst für den Besitzer von 1000 M. wohl kaum 1000mal so wichtig, als für den Millionär. Wir können daher nicht mehr von dem absoluten Werte einer Vermögensänderung sprechen, sondern nur von dem Werte, welchen dieselbe für eine bestimmte Person hat. Der so betrachtete Wert heisst der „relative Wert“ der betreffenden Vermögensänderung. Um ihn in Rechnung ziehen zu können, stellen wir folgende Definition auf.

Definition: Der relative Wert einer unendlich kleinen Vermögensänderung ist der Quotient aus ihrem absoluten Betrage und dem Totalvermögen der betreffenden Person, noch multipliciert mit einer nur von psychologischen Momenten abhängigen Grösse k, welche wir in unseren Rechnungen als konstant annehmen.

Analytisch stellt sich diese Definition folgendermaassen dar: Ist v das Vermögen einer Person, dv der absolute Betrag einer unendlich kleinen Aenderung desselben, dG der relative Wert dieser Aenderung, so ist

$$dG = k \cdot \frac{dv}{v}.$$

Anmerkung: Der relative Wert einer Vermögensänderung, auch der eines Verlustes, ist stets eine positive Grösse, weshalb in die Definition der absolute Betrag dieser Aenderung aufgenommen ist; zugleich aber muss auch die Grösse v als positiv vorausgesetzt werden. Dies kann jedoch ohne Weiteres geschehen; denn selbst der Mensch ohne Baarvermögen und sogar der mit Schulden überlastete wird seine Arbeitskraft als ein dieselben übertreffendes Kapital in Anschlag bringen dürfen, wofern er nicht auf jedes Streben nach wirtschaftlicher Selbstständigkeit verzichten will.

7. Lehrsatz: Der relative Wert einer endlichen Vermögensänderung ist gleich dem absoluten Betrage der Differenz der Logarithmen des durch die Aenderung hervorgebrachten und des ursprünglichen Vermögens, noch multipliciert mit der von psychologischen Momenten abhängigen Konstanten k.

Beweis: Die endliche Vermögensänderung g setzt sich zusammen aus einer Reihe von unendlich kleinen Aenderungen dx, so dass $dx = \lim \frac{g}{n}$ $(n = \infty)$ ist. Der relative Wert einer jeden dieser Aenderungen ist, wenn x das betreffende Gesamtvermögen bedeutet, also der Reihe nach $v, v + \frac{g}{n}, v + \frac{2g}{n}, \cdots v+g$, nach der vorigen Definition:

$$dG = k \frac{dx}{x}.$$

Bezeichnet nun G den gesuchten relativen Wert der endlichen Aenderung g, so ergiebt sich

$$G = \Sigma dG = \Sigma k \cdot \frac{dx}{x},$$

diese Summe erstreckt über alle Werte von x zwischen v und $v+g$, also für $v \leqq x \leqq v+g$. Eine solche Summe stellt sich aber dar als bestimmtes Integral, so dass sich ergiebt:

$$G = \int_{v}^{v+g} k \frac{dx}{x} = k \int_{v}^{v+g} \frac{dx}{x} = k \left[lx \right]_{v}^{v+g}$$

$$= k \left\{ l(v+g) - l(v) \right\}.$$

Ist die Vermögensänderung ein Verlust, so ist dx negativ. Dann nimmt x der Reihe nach die Werte an $v, v - \frac{g}{n}, v - \frac{2g}{n}, \cdots v - g$, so dass das Integral von v bis $v - g$ zu erstrecken ist, also negativ wird. Aber nach der Definition des vorigen Paragraphen sind dann die Werte der unendlich kleinen Aenderung $k \frac{|dx|}{x}$; mithin wird die Summe auch positiv. Also lautet der Wert

$$G = \int_{v-g}^{v} k \frac{|dx|}{x} = k \left\{ l(v) - l(v-g) \right\}.$$

Soll dieser Ausdruck in der obigen Form mit enthalten sein, indem $g < 0$ sein kann, so muss man schreiben:

$$G = k \cdot \left| \left\{ l(v+g) - l(v) \right\} \right|, \qquad \text{q. e. d.}$$

Anmerkung: Obiger Ausdruck zeigt in Uebereinstimmung mit den Eingebungen des gesunden Menschenverstandes:

1. Ist das Vermögen, v, konstant, so wird G grösser und kleiner mit zunehmendem oder abnehmendem absoluten Betrage von g.

2. Es ist $G = 0$ für $g = 0$.

3. Dieselbe Vermögensänderung, g, hat einen grösseren relativen Wert G für ein kleineres Gesammtvermögen v. Obiger Ausdruck kann nämlich in der Form geschrieben werden:

$$k \left| l \frac{v+g}{v} \right| = k \left| l \left(1 + \frac{g}{v}\right) \right|.$$

Für $g > 0$ und $v > v_1$ ist offenbar $\frac{g}{v} < \frac{g}{v_1}$, also $G < G_1$.

Für $g < 0$ entsteht die Form

$$G = k\left|l\left(1 - \frac{|g|}{v}\right)\right|.$$

Ist wieder $v > v_1$, so ist $\frac{|g|}{v} < \frac{|g|}{v_1}$, mithin $1 - \frac{|g|}{v} > 1 - \frac{|g|}{v_1}$, also

$$l\left(1 - \frac{|g|}{v}\right) > l\left(1 - \frac{|g|}{v_1}\right),$$

dagegen

$$\left|l\left(1 - \frac{|g|}{v}\right)\right| < \left|l\left(1 - \frac{|g|}{v_1}\right)\right|,$$

mithin wiederum

$$G < G_1.$$

8. Lehrsatz: Bei gleichem Vermögen hat ein Gewinn einen geringeren relativen Wert, als ein gleich grosser Verlust.

Voraussetzung:

$$G = k \cdot l\frac{v+g}{v}, \quad G_1 = k \cdot l\frac{v}{v-g}.$$

Behauptung: $G < G_1$.

Beweis: Es ist $v^2 - g^2 < v^2$, also folgt $(v+g)(v-g) < v \cdot v$, mithin

$$\frac{v+g}{v} < \frac{v}{v-g},$$

woraus sich unmittelbar ergiebt:

$$G < G_1, \text{ q. e. d.}$$

9. Definition: Ist die Wahrscheinlichkeit eines Ereignisses, mit dessem Eintreffen der Gewinn g verbunden ist, p, so heisst das Produkt

$$H = k \cdot l\frac{v+g}{v} \cdot p$$

der „relative Wert" der mathematischen Hoffnung $p\,g$, auch kurz: die „relative Hoffnung" für eine Person, deren Vermögen v ist.

Zusatz I: Für negatives g, also für einen Verlust, stellt sich die relative Hoffnung in der Form dar:

$$k \,.\, l\frac{v-g}{v}\cdot p = -k\cdot l\frac{v}{v-g}\cdot p,$$

also negativ. Dieser Ausdruck heisst dann die relative Besorgnis.

Zusatz II: Genau ebenso ist

$$H = kp_1 l\,\frac{v+g_1}{v} + kp_2 l\,\frac{v+g_2}{v} + \cdots\cdots$$

der relative Wert der mathematischen Hoffnung

$$p_1 g_1 + p_2 g_2 + \cdots\cdot$$

Zusatz III: Erkauft man sich die Hoffnung auf den mit der Wahrscheinlichkeit p_1 zu erwartenden Gewinn g_1, auf den Gewinn g_2, dessen Wahrscheinlichkeit p_2 ist, u. s. f., für den festen Preis g, so sind die möglichen Gewinne nur $g_1 - g$, $g_2 - g$, $\ldots\cdot$, also die mathematische Hoffnung $p_1(g_1 - g) + p_2(g_2 - g) + \cdots\cdot$ und ihr relativer Wert

$$H = kp_1 l\,\frac{v-g+g_1}{v} + kp_2 l\,\frac{v-g+g_2}{v} + \cdots\cdot$$

Der gewisse Verlust g hat den relativen Wert

$$k\cdot\left|\, l\,\frac{v-g}{v}\,\right| = kl\frac{v}{v-g}\cdot$$

Die Billigkeit erfordert, dass beide Werte gleich sind. Es ist dann

$$kl\,\frac{v}{v-g} = kp_1 l\left(\frac{v-g+g_1}{v}\right) + kp_2 l\left(\frac{v-g+g_2}{v}\right) + \cdots\cdots$$

$$l\,\frac{v}{v-g} = l\left\{\left(\frac{v-g+g_1}{v}\right)^{p_1}\cdot\left(\frac{v-g+g_2}{v}\right)^{p_2}\cdots\cdots\right\}$$

$$\frac{v}{v-g} = \frac{(v-g+g_1)^{p_1}\cdot(v-g+g_2)^{p_2}\cdots\cdots}{v^{p_1+p_2+\cdots\cdot}}$$

Anmerkung: Anstatt „relativ“ gebraucht man auch das Wort „moralisch“, so dass man von einer moralischen Hoffnung oder dem moralischen Werte einer mathematischen Hoffnung spricht.

10. Lehrsatz: Der moralische Wert derselben mathematischen Hoffnung ist grösser, wenn mit grösserer Wahrscheinlichkeit ein geringerer Gewinn in Aussicht gestellt wird, als wenn umgekehrt mit geringerer Wahrscheinlichkeit ein grösserer Gewinn zu erwarten ist.

Voraussetzung: $p \cdot g = p_1 \cdot g_1$, $p > p_1$ und zwar sei $p = a p_1$, so dass $g_1 = a g$ folgt, $a > 1$.

Behauptung:

$$p \cdot k \cdot l \frac{v+g}{v} > p_1 \cdot k \cdot l \frac{v+g_1}{v}.$$

Beweis: Es ist

$$\left(\frac{v+g}{v}\right)^a = \left(1+\frac{g}{v}\right)^a = 1 + a \cdot \frac{g}{v} + \frac{a(a-1)}{1 \cdot 2} \frac{g^2}{v^2} + \frac{a \cdot (a-1)(a-2)}{1 \cdot 2 \cdot 3} \cdot \frac{g^3}{v^3} + \ldots.$$

Ist a eine ganze Zahl, so erreicht diese Entwicklung ihr natürliches Ende, und da alle Glieder grösser als Null sind, ist alsdann

$$\left(1+\frac{g}{v}\right)^a > 1 + \frac{a \cdot g}{v}.$$

Ist a ein Bruch, so werden die Glieder von einem bestimmten an abwechselnd positiv und negativ. Das erste negative Glied kann frühestens das vierte sein, da $a > 1$ ist. Nun ist aber jedes folgende Glied in diesem Falle kleiner, als das vorhergehende; mithin die Differenz jedes positiven und negativen Gliedes grösser als Null, also ist auch in diesem Falle

$$\left(1+\frac{g}{v}\right)^a > 1 + \frac{ag}{v}.$$

Also ist stets

$$\left(1+\frac{g}{v}\right)^a > 1 + \frac{ag}{v},$$

d. h.

$$\left(\frac{v+g}{v}\right)^a > \frac{v+ag}{v},$$

folglich

$$\left(\frac{v+g}{v}\right)^{ap_1} > \left(\frac{v+ag}{v}\right)^{p_1}$$

$$ap_1 = p,\ ag = g_1$$

$$\left(\frac{v+g}{v}\right)^p > \left(\frac{v+g_1}{v}\right)^{p_1},$$

mithin auch

$$p \cdot k \cdot l\left(\frac{v+g}{v}\right) > p_1 \cdot k \cdot l\,\frac{v+g_1}{v},\ \text{q. e. d.}$$

Anmerkung: Ist v einigermaassen beträchtlich im Vergleich zu g, so verschwindet die Differenz swischen $p \cdot k \cdot l\,\frac{v+g}{v}$ und $p_1 \cdot k \cdot l\,\frac{v+g_1}{v}$, indem die moralische Hoffnung den Wert $\frac{k \cdot p \cdot g}{v}$ annimmt. Denn es ist

$$l\left(\frac{v+g}{v}\right) = l\left(1+\frac{g}{v}\right) = \frac{g}{v} - \frac{g^2}{2v^2} + \frac{g^3}{3v^3} - + \cdots\cdots,$$

so dass bei Vernachlässigung der höheren Potenzen von $\frac{g}{v}$ die moralische Hoffnung den Wert $\frac{k \cdot p \cdot g}{v}$ annimmt. So ist schon für ein Vermögen von 10 000 M. die mathematische Hoffnung von 25 M. ganz unerheblich, gleichviel, ob etwa 50 M. mit der Wahrscheinlichkeit $\frac{1}{2}$ oder 30 M. mit der von $\frac{5}{6}$ oder 150 M. mit der Wahrscheinlichkeit $\frac{1}{6}$ zu erwarten sind.

Die Rechnung stellt sich für diese Werte folgendermaassen:

$$\frac{5}{6} \cdot \log \frac{10\,000+30}{10\,000} = \frac{5}{6} \log 1{,}003 = \frac{5}{6} \cdot 0{,}00\,130 = 0{,}00\,108$$

$$\frac{1}{2} \cdot \log \frac{10\,000+50}{10\,000} = \frac{1}{2} \log 1{,}005 = \frac{1}{2} \cdot 0{,}00\,217 = 0{,}00\,108$$

$$\frac{1}{6} \cdot \log \frac{10\,000+150}{10\,000} = \frac{1}{6} \log 1{,}015 = \frac{1}{8} \cdot 0{,}00\,647 = 0{,}00\,108.$$

Dieser Wert ist noch mit dem Modulus

$$\frac{1}{\log e} = 2{,}30$$

zu multiplizieren, wodurch man in allen drei Fällen die moralische Hoffnung zu

$$k \cdot 0{,}00\,248\,4$$

erhält. Rechnet man $\frac{k \cdot p \cdot g}{v}$, so erhält man

$$k \cdot \frac{25}{10\,000} = k \cdot 0{,}00\,25,$$

also dasselbe Resultat.

11. Lehrsatz: Die relative Hoffnung auf einen Gewinn ist stets kleiner, als der absolute Wert der relativen Besorgnis des mit derselben Wahrscheinlichkeit zu erwartenden gleich grossen Verlustes.

Behauptung:

$$k \cdot p \cdot l \frac{v+g}{v} < \left| k \cdot p \cdot l \frac{v-g}{v} \right|$$

oder

$$k \cdot p \cdot l \frac{v+g}{v} < k \cdot p \cdot l \frac{v}{v-g}.$$

Beweis: Es ist

$$v^2 > v^2 - g^2,$$

also

$$v \cdot v > (v+g)(v-g),$$

folglich

$$\frac{v+g}{v} < \frac{v}{v-g},$$

woraus die Behauptung unmittelbar folgt.

12. Lehrsatz: Die relative Hoffnung auf einen Gewinn ist stets kleiner, als der absolute Wert einer Besorgnis, die mit jener Hoffnung den gleichen mathematischen Wert hat.

Voraussetzung:

$$p \cdot g = p_1 \cdot g_1.$$

Behauptung:

$$k \cdot p \cdot l \frac{v+g}{v} < \left| kp_1 \cdot l \frac{v-g_1}{v} \right|.$$

Beweis: Es ist

$$l\left(\frac{v+g}{v}\right)=l\left(1+\frac{g}{v}\right)=\frac{g}{v}-\frac{g^2}{2v^2}+\frac{g^3}{3v^3}-+\cdots\cdots$$

$$l\left(\frac{v-g_1}{v}\right)=l\left(1-\frac{g}{v}\right)=-\frac{g_1}{v}-\frac{g_1^{\,2}}{2v^2}-\frac{g_1^{\,3}}{3v^3}-\cdots\cdots$$

$$\left|\,l\,\frac{v-g_1}{v}\,\right| \qquad =\frac{g_1}{v}+\frac{g_1^{\,2}}{2v^2}+\frac{g_1^{\,3}}{3v^3}+\cdots\cdots$$

also

$$p\cdot l\left(\frac{v+g}{v}\right)=p\left(\frac{g}{v}-\frac{g^2}{2v^2}+\frac{g^3}{3v^3}-+\cdots\cdot\right)$$

$$=\frac{p\cdot g}{v}\left(1-\frac{g}{2v}+\frac{g^2}{3v^2}-+\cdots\cdot\right)$$

$$\left|\,p_1 l\left(\frac{v-g_1}{v}\right)\,\right|=p_1\left(\frac{g_1}{v}+\frac{g_1^{\,2}}{2v^2}+\frac{g_1^{\,3}}{3v^3}+\cdots\cdot\right)$$

$$=\frac{p_1 g_1}{v}\left(1+\frac{g_1}{2v}+\frac{g_1^{\,2}}{3v^3}+\cdots\cdot\right).$$

In den Klammern ist jedes folgende Glied kleiner als das vorhergehende; mithin ist

$$1-\frac{g}{2v}+\frac{g^2}{3v^2}-+\cdots\cdots<1$$

$$1+\frac{g_1}{2v}+\frac{g_1^{\,2}}{3v^2}+\cdots\cdots\cdot>1.$$

Nach Voraussetzung ist $pg=p_1 g_1$, folglich

$$p\cdot l\left(\frac{v+g}{v}\right)<\left|\,p_1 l\left(\frac{v-g_1}{v}\right)\right|,$$

woraus die Behauptung unmittelbar folgt.

Anmerkung: Der vorige Lehrsatz ist nur ein Spezialfall dieses, in welchem $p=p_1$, $g=g_1$ ist.

Zusatz: Jedes nach mathematischer Billigkeit geordnete Spiel stellt sich in relativer Hinsicht als nachteilig für jeden Teilnehmer heraus. Denn sind p und p_1 die Wahrscheinlichkeiten, zu gewinnen und zu verlieren, für irgend einen Teilnehmer, g sein möglicher Gewinn, g_1 sein möglicher Verlust (Einsatz), so verlangt die mathematische Billigkeit, dass $pg=p_1 g_1$ ist, woraus der Satz sofort erhellt.

13. Wir wenden uns jetzt zurück zum

Petersburger Problem. Wir wollen bestimmen, welchen Kaufpreis B zu zahlen hat, damit der relative Wert des Verlustes, welchen er dadurch erleidet, gleich ist dem relativen Werte der erkauften mathematischen Hoffnung.

Sei x dieser Preis, v das Vermögen des B, so sind die zu erwartenden Gewinne

$$2-x,\ 2^2-x,\ 2^3-x,\ \ldots\ldots\ 2^n-x,$$

ihre Wahrscheinlichkeiten $\frac{1}{2}, \frac{1}{2^2}, \frac{1}{2^3}, \ldots \frac{1}{2^n}$. Daher ist (II, 9. Zus. III)

$$\frac{v}{v-x}=\frac{(v-x+2)^{\frac{1}{2}}\cdot(v-x+2^2)^{\frac{1}{2^2}}\cdots(v-x+2^n)^{\frac{1}{2^n}}}{v^{\frac{1}{2}+\frac{1}{2^2}+\cdots+\frac{1}{2^n}}}.$$

Nennt man $v-x=v'$, so folgt

$$v\cdot v^{1-\frac{1}{2^n}}=v'\cdot(v'+2)^{\frac{1}{2}}\cdot(v'+2^2)^{\frac{1}{4}}\cdots\cdots(v'+2^n)^{\frac{1}{2^n}}$$

also

$$v^{\frac{2^{n+1}-1}{2^n}}=v'\cdot(v'+2)^{\frac{1}{2}}\cdot(v'+4)^{\frac{1}{4}}\cdots\cdots(v'+2^n)^{\frac{1}{2^n}}.$$

Aus dieser Gleichung kann man, wenn man v' als bekannt voraussetzt, sehr leicht v berechnen. Führt man diese Rechnung für die Werte $n=1, 2, 3, \ldots\ldots 10$ durch, so ergiebt sich unter der Annahme, dass $v'=100$ ist:

1) $v=100{,}66$	6) $v=102{,}81$
2) $v=101{,}13$	7) $v=103{,}13$
3) $v=101{,}58$	8) $v=103{,}43$
4) $v=102{,}01$	9) $v=103{,}56$
5) $v=102{,}43$	10) $v=103{,}68$.

Bei diesem Vermögen dürfte man also den Ueberschuss über 100 M. fortgeben, um damit die Hoffnung, welche durch die Berechtigung zu der betreffenden Anzahl Würfe erregt wird, zu erkaufen. Bei einem Vermögen von 102,01 M. würde man also für 2,01 M. die Berechtigung zu 4 Würfen, also die mathematische Hoffnung von 4 M. erkaufen dürfen, bei einem Vermögen von 103,68 M. für 3,68 M. die Berechtigung zu 10 Würfen, wobei die mathematische Hoffnung 10 M. beträgt. Auch sieht man leicht, dass hierbei mit wachsendem n der Einsatz nicht ins Ungemessene wachsen kann; denn

$$(v' + 2^n)^{\frac{1}{2^n}} = \sqrt[2^n]{2^n + v'}$$

konvergiert mit wachsendem n gegen 1 und zwar um so schneller, je kleiner v' ist. Für $v' = 100$ ist bereit für das zwanzigste Glied, also für $(v' + 2^{20})^{\frac{1}{2^{20}}}$ der Logarithmus $= 0{,}000006$. Für $n = 20$ ergiebt die Auflösung obiger Gleichung

$$v = 103{,}87.$$

Man darf daher bei einem Vermögen von 103,87 M. Die Berechtigung zu mehr, als 20, und selbst zu unendlich vielen Würfen nur für 3,87 M. erkaufen, wenn der relative Wert des durch den Kaufpreis verursachten Verlustes nicht den der erkauften mathematischen Hoffnung übersteigen soll.

Bemerkung: Diese Lösung des Problemes weicht von der üblichen etwas ab, wonach man für $v' = 100$, $v = 107{,}89$ erhält.

Dritter Abschnitt.

Von den Ursachen.

1. **Definition**: Ursachen sind einfache Ereignisse und Umstände, welche einem Ereignis seine ihm eigentümliche Wahrscheinlichkeit verleihen.

Bemerkung: Es ist wohl zu beachten, dass der Begriff „Ursache“ hier wesentlich anders definiert ist, als es gewöhnlich in der Physik und Philosophie geschieht, da unser Begriff keine Spur von der *causa efficiens* hat. Daher ist er auch dem Streite der Philosophen, ob *causae efficientes* überhaupt vorhanden sind, völlig entzogen, und die Sätze, welche wir auf Grund unserer Definition gewinnen, haben diejenige Sicherheit, welche auch den anderen Teilen der Mathematik zukommt. Ein Beispiel wird den Unterschied der Ursache in der Wahrscheinlichkeitsrechnung von der *causa efficiens* der Physik klarlegen:

Die Wahrscheinlichkeit, beim Skatspiel überhaupt einen Jungen zu bekommen, hängt ab von der Wahrscheinlichkeit, 4 oder 3 oder 2 oder nur einen Jungen zu bekommen, da sie sich aus diesen zusammensetzt. Ist nun dieses Ereignis eingetreten, d. h. habe ich überhaupt einen Jungen erhalten, so kann dieses Ereignis daher im Sinne der Wahrscheinlichkeitsrechnung als Ursache haben, dass ich vier Jungen erhalten habe, oder drei, oder zwei, oder nur einen. Diese Umstände oder Ereignisse veranlassen jenes aber nicht in physikalischem Sinne, sondern das letztere fällt mit ihnen zusammen, ist physikalisch gar nicht von ihnen verschieden.

Definition: Die Gesamtheit der veränderlichen und der Rechnung gänzlich unzugänglichen Umstände, welche bei der Hervorbringung eines Ereignisses wirksam sind, heisst Zufall.

Beispiel: In einer Urne liegen 3 weisse und 2 schwarze Kugeln. Man zieht eine Kugel und trifft eine schwarze. Eine Ursache dieses Ereignisses ist die Anzahl der Kugeln, also das Vorhandensein zweier schwarzen Kugeln; denn dies bedingt ja die Wahrscheinlichkeit des Ereignisses. Die Bewegung der Hand dagegen, welche sicherlich auch bei der Hervorbringung des Ereignisses von wichtiger Wirksamkeit ist, ist zufällig.

Definition: Ist ein Ereignis eingetreten, und kann es nur einer Ursache zugeschrieben werden, so sagt man, dieselbe sei gewiss; die Wahrscheinlichkeit, dass sie vorhanden gewesen ist, mit kurzem Ausdruck ihre Wahrscheinlichkeit ist dann gleich 1. Kann das Ereignis dagegen mehreren Ursachen zugeschrieben werden, so heisst die Ursache, welche es diesmal hervorgebracht hat, ungewiss.

Beispiel: Aus einer Urne, welche 3 Kugeln enthält, werde eine gezogen; dieselbe sei schwarz. Dies Ereignis kann drei Ursachen haben:

1. es waren in der Urne 3 schwarze Kugeln vorhanden,
2. es waren 2 schwarze und eine andersfarbige Kugel darin,
3. sie enthielt nur eine schwarze neben 2 andersfarbigen Kugeln.

Welche Ursache gewirkt hat, ist ungewiss.

Bestimmung der Aufgabe: Aus dem Eintreten eines Ereignisses soll ein Schluss auf seine Ursachen und deren Wahrscheinlichkeit, sowie auf die Wahrscheinlichkeit seines Wiedereintretens gemacht werden.

2. Lehrsatz: Ist ein Ereignis eingetreten, welches verschiedenen gleich wahrscheinlichen Ursachen zugeschrieben werden kann, so verhalten sich die Wahrscheinlichkeiten für das Wirken der verschiedenen Ursachen ebenso, wie die Wahrscheinlichkeiten, mit welchen diese Ursachen, wenn sie gewiss gewirkt hätten, das Ereignis herbeigeführt hätten.

Voraussetzung: Es sei das Ereignis E eingetreten; es kann den n gleich wahrscheinlichen Ursachen e_i $(i = 1, 2, \ldots n)$ zugeschrieben werden. Wäre e_i gewiss, so wäre die Wahrscheinlichkeit von E gleich p_i. Nach Eintritt von E sei die Wahrscheinlichkeit von e_i gleich P_i.

Behauptung: $P_1 : P_2 : \ldots\ldots : P_n = p_1 : p_2 : \ldots\ldots : p_n$

oder $$\frac{P_i}{p_i} = \text{Const.} \qquad (i = 1, 2, \ldots\ldots n).$$

Beweis: Man bringe die Ausdrücke p_i, welche als Wahrscheinlichkeiten ja Brüche sind, sämtlich auf den gleichen Nenner m, so dass also sei $p_i = \frac{a_i}{m}$. Dann stellt a_i die Anzahl der E günstigen Fälle unter der Wirksamkeit von e_i dar. Die Anzahl der sämtlichen dem Ereignis E günstigen Fälle ist dann $a_1 + a_2 + \cdots\cdots + a_n = a$. Da E thatsächlich eingetreten ist, ist auch thatsächlich einer dieser a günstigen Fälle vorhanden gewesen. Die Wahrscheinlichkeit, dass dieses einer der a_i Fälle war, welche e_i E erteilt, ist $\frac{a_i}{a}$. Also ist

$$P_i = \frac{a_i}{a};$$

nun war $p_i = \frac{a_i}{m}$. Also folgt

$$\frac{P_i}{p_i} = \frac{a_i}{a} : \frac{a_i}{m} = \frac{m}{a} = \text{Const., q. e. d.}$$

Oder es folgt: $$P_1 : P_2 : \ldots\ldots : P_n = \frac{a_1}{a} : \frac{a_2}{a} : \ldots\ldots : \frac{a_n}{a}$$
$$= \frac{a_1}{m} : \frac{a_2}{m} : \ldots\ldots : \frac{a_n}{m}$$
$$= p_1 : p_2 : \ldots\ldots : p_n, \quad \text{q. e. d.}$$

Beispiel: Im vorigen Beispiel ist

$$p_1 = 1 = \frac{3}{3}, \quad p_2 = \frac{2}{3}, \quad p_3 = \frac{1}{3}.$$

Es folgt $$P_1 : P_2 : P_3 = 3 : 2 : 1.$$

Ueberdies ist $$m = 3, \; a = 6,$$

also folgt $$\frac{P_i}{p_i} = \frac{3}{6} = \frac{1}{2}.$$

mithin $$P_i = \frac{1}{2} p_i,$$

also

$$P_1 = \frac{1}{2}, \ P_2 = \frac{1}{3}, \ P_3 = \frac{1}{6}.$$

Zusatz: Die wahrscheinlichste der möglichen Ursachen ist diejenige, welche die Wahrscheinlichkeit des Eintretens von E zu einem Maximum macht.

3. Lehrsatz: Ist p_i die Wahrscheinlichkeit, welche die Ursache $e_i (i = 1, 2, \ldots n)$ einem beobachteten Ereignisse erteilen würde, wenn sie gewiss wäre, so ist die Wahrscheinlichkeit, dass e_i bei der Hervorbringung des Ereignisses thätig war

$$P_i = \frac{p_i}{\Sigma p_i},$$

vorausgesetzt, dass von vorn herein alle Ursachen gleich wahrscheinlich waren.

Beweis: Nach dem vorigen Lehrsatze ist

$$P_1 : P_2 : \ldots . P_n = p_1 : p_2 : \ldots . p_n,$$

folglich

$$\frac{P_i}{P_1 + P_2 + \cdots P_n} = \frac{p_i}{p_1 + p_2 + \cdots p_n}.$$

Nun ist $P_1 + P_2 + \cdots + P_n$ die Wahrscheinlichkeit, dass irgend eine der Ursachen e_i das Ereignis herbeiführt. Diese Wahrscheinlichkeit ist aber nach dem Eintreten des Ereignisses gleich der Gewissheit, mithin ist

$$P_1 + P_2 + \cdots + P_n = 1.$$

Es folgt:

$$P_i = \frac{p_i}{p_1 + p_2 + \cdots + p_n}, \text{ q. e. d.}$$

Beweis II (nach La Place): Bezeichnet v die Wahrscheinlichkeit, welche das Ereignis überhaupt hat, P_i die Wahrscheinlichkeit für das Stattfinden nach der Ursache e_i, nachdem es wirklich stattgefunden hat, so ist von vornherein die Wahrscheinlichkeit V, dass es nach dieser Ursache stattfinden wird, $V = P_i \cdot v$. Von vornherein hat nun e_i die Wahrscheinlichkeit $\frac{1}{n}$, da n Ursachen existieren, und alle als gleich wahrscheinlich angenommen werden, und wenn e_i gewiss ist, hat das Ereignis die Wahrscheinlichkeit p_i;

mithin ist $$V = \frac{1}{n} p_i.$$

In derselben Weise ist von vornherein die Wahrscheinlichkeit des Ereignisses nach irgend einer der Ursachen

$$\frac{1}{n} p_1 + \frac{1}{n} p_2 + \cdots + \frac{1}{n} p_n = \frac{1}{n} (p_1 + p_2 + \cdots + p_n).$$

Dies ist aber v. Mithin ist

$$P_i = \frac{V}{v} = \frac{\frac{1}{n} p_i}{\frac{1}{n} (p_1 + p_2 + \cdots p_n)} = \frac{p_i}{\sum\limits_{i=1}^{n} p_i}, \text{ q. e. d.}$$

4. Lehrsatz: Sind unter Festhaltung der Bezeichnungen des vorigen Paragraphen q_i die den Ursachen e_i zukommenden Wahrscheinlichkeiten, so ist nach Eintreten des Ereignisses die Wahrscheinlichkeit, dass es zufolge e_i eingetreten ist

$$P_i' = \frac{q_i p_i}{\sum\limits_{i=1}^{n} q_i p_i}.$$

Beweis: Derselbe ist genau so, wie der letzte Beweis; er ändert sich nur darin, dass q_i statt $\frac{1}{n}$ auftritt. Es ist also

$$V = q_i \cdot p_i$$

und $$v = q_1 \cdot p_1 + q_2 \cdot p_2 + \cdots + q_n p_n,$$

mithin $$P_i' = \frac{q_i p_i}{q_1 p_1 + q_2 p_2 + \cdots + q_n p_n}, \text{ q. e. d.}$$

Zusatz I: Die Wahrscheinlichkeit, dass das beobachtete Ereignis infolge einer der Ursachen $e_a, \cdots e_b$, eingetreten ist, ist

$$P = P_a + \cdots + P_b = \sum_{i=a}^{b} P_i.$$

Zusatz II: Gewöhnlich ist die Wahrscheinlichkeit der Ursachen unbekannt; man kann dann annehmen, dass das beobachtete Ereignis unendlich viele Ursachen haben kann, deren Wahrscheinlichkeitswerte zwischen 0 und 1 liegen. Die Wahrscheinlichkeit des Eintretens eines Ereignisses nach einer dieser Ursachen kann dann als eine Funktion von der Wahrscheinlichkeit dieser Ursache angesehen werden. Wird diese letztere mit x bezeichnet, so ist jene also $f(x)$, wobei $0 \leqq x \leqq 1$ und auch $0 \leqq f(x) \leqq 1$ ist. Dann ist die Wahrscheinlichkeit, dass das Ereignis nach einer Ursache mit der Wahrscheinlichkeit x eingetreten ist

$$P_x = \frac{x \cdot f(x)}{\sum\limits_{x=0}^{1} xf(x)} = \frac{xf(x)dx}{\sum\limits_{x=0}^{1} xf(x)dx}.$$

Nun ist
$$\sum_{x=0}^{1} xf(x)\,dx = \int_0^1 x \cdot f(x)\,dx,$$

folglich
$$P_x = \frac{xf(x)dx}{\int_0^1 xf(x)\,dx}.$$

Zusatz III: Die Wahrscheinlichkeit, dass das Ereignis nach irgend einer Ursache eingetreten ist, deren Wahrscheinlichkeit zwischen den Grenzen a und b liegt, ist offenbar

$$P = \frac{\sum\limits_{x=a}^{b} xf(x)dx}{\int_0^1 xf(x)dx} = \frac{\int_a^b xf(x)dx}{\int_0^1 xf(x)dx}.$$

Dieser Ausdruck zeigt zugleich, dass die Wahrscheinlichkeit, die Ursache habe eine Wahrscheinlichkeit zwischen 0 und 1, d. h. es gäbe überhaupt eine Ursache

$$P = \frac{\int_0^1 xf(x)\,dx}{\int_0^1 xf(x)\,dx} = 1,$$

also gleich der Gewissheit ist, was selbstverständlich ist, da das Ereignis ja eingetreten ist.

Beispiel: In einer Urne liegen zwei Kugeln, deren eine weiss ist. Es wird n-mal hinter einander mit jedesmaligem Zurückwerfen der gezogenen Kugel gezogen, und man zieht immer eine weisse Kugel. Es fragt sich, wie gross die Wahrscheinlichkeit ist, dass die zweite Kugel weiss oder andersfarbig ist?

Das eingetroffene Ereignis kann die Ursache haben, dass auch die zweite Kugel weiss ist, oder die, dass die zweite Kugel andersfarbig ist, man aber immer die weisse getroffen hat. Von vorn herein sind beide Ursachen gleich wahrscheinlich, mithin $q_1 = q_2 = \frac{1}{2}$. Die erste würde das Ereignis mit Gewissheit herbeiführen, die andere mit der Wahrscheinlichkeit $\frac{1}{2^n}$, mithin ist $p_1 = 1$, $p_2 = \frac{1}{2^n}$. Es ergiebt sich somit

$$P_1 = \frac{\frac{1}{2}\cdot 1}{\frac{1}{2}\cdot 1 + \frac{1}{2}\cdot\frac{1}{2^n}} = \frac{1}{1+\frac{1}{2^n}} = \frac{2^n}{2^n+1}$$

$$P_2 = \frac{\frac{1}{2}\cdot\frac{1}{2^n}}{\frac{1}{2}\cdot 1 + \frac{1}{2}\cdot\frac{1}{2^n}} = \frac{\frac{1}{2^n}}{1+\frac{1}{2^n}} = \frac{1}{2^n+1}.$$

Für $n = 1, 2, 3$ folgt

$$P_1 = \frac{2}{3} \qquad P_2 = \frac{1}{3}$$

$$P_1 = \frac{4}{5} \qquad P_2 = \frac{1}{5}$$

$$P_1 = \frac{8}{9} \qquad P_3 = \frac{1}{9}.$$

Bereits für $n = 10$ wird

$$P_1 = \frac{1024}{1025} \qquad P_2 = \frac{1}{1025}.$$

Mithin ist es nach zehnmaligem Ziehen von weiss beinahe schon gewiss, dass 2 weisse Kugeln in der Urne liegen.

Sind allgemein m Kugeln in der Urne, so sind auch m Ursachen für das Eintreten des Ereignisses möglich, nämlich das Vorhandensein von

1)	m	weissen und	0	andersfarbigen
2)	$(m-1)$	„ „	1	„
3)	$(m-2)$	„ „	2	„
. . .	. . .	. . .	. . .	. . .
m)	1	„ „	$(m-1)$	„

Auch hier ist $q_1 = q_2 = \cdots\cdot = q_m = \frac{1}{m}\cdot$ Dagegen ist

$$p_1 = 1 = \left(\frac{m}{m}\right)^n, \quad p_2 = \left(\frac{m-1}{m}\right)^n, \quad p_3 = \left(\frac{m-2}{m}\right)^n, \; \ldots\ldots \; p_m = \left(\frac{1}{m}\right)^n.$$

Es ist also hier

$$P_i = \frac{\frac{1}{m}\cdot\left(\frac{m-i+1}{m}\right)^n}{\frac{1}{m}\cdot\left(\frac{m}{m}\right)^n + \frac{1}{m}\cdot\left(\frac{m-1}{m}\right)^n + \cdots\cdot + \frac{1}{m}\cdot\left(\frac{1}{m}\right)^n}$$

$$= \frac{(m-i+1)^n}{m^n + (m-1)^n + \cdots\cdot 1^n}.$$

Sei z. B. $m = 5$, $n = 3$, so folgt:

$$P_1 = \frac{125}{225}, \; P_2 = \frac{64}{225}, \; P_3 = \frac{27}{225}, \; P_4 = \frac{8}{225} \cdot P_5 = \frac{1}{225}.$$

Die Summe ist selbstverständlich

$$P_1 + P_2 + \cdots + P_5 = \frac{125 + 64 + 27 + 8 + 1}{225} = 1.$$

5. Lehrsatz: Die Wahrscheinlichkeit des Eintretens eines Ereignisses F zufolge einer möglichen Ursache e eines schon eingetretenen Ereignisses E ist gleich der Wahrscheinlichkeit, dass diese Ursache E hervorgebracht hat (Wahrscheinlichkeit dieser Ursache), multipliziert mit der Wahrscheinlichkeit, mit welcher sie F hervorbringen würde, wenn sie gewiss wäre.

Voraussetzung: E ist eingetreten. Die mögliche Ursache e hat die Wahrscheinlichkeit P; F, diese Ursache als gewiss gesetzt hat die Wahrscheinlichkeit p.

Behauptung: Die Wahrscheinlichkeit, dass F zufolge der Ursache e eintreten wird, ist

$$\Pi = P \cdot p.$$

Beweis: Dass das Ereignis F nach der Ursache e eintreten wird, ist ein daraus zusammengesetztes Ereignis, dass e vorhanden ist, und dass dann F eintritt. Mithin is seine Wahrscheinlichkeit

$$\Pi = P \cdot p, \text{ (I, § 5).}$$

Beispiel: Bei dem obigen Beispiel, wo 5 Kugeln vorhanden sind, und dreimal weiss gezogen ist, werde nach der Wahrscheinlichkeit gefragt, wiederum weiss zu ziehen, weil 3 weisse und 2 andersfarbige Kugeln vorhanden sind.

Die Wahrscheinlichkeit für e, das Vorhandensein dreier weissen und zweier andersfarbigen Kugeln ist hier $P = \frac{27}{225} = \frac{3}{25}$ (siehe oben); die Wahrscheinlichkeit, wenn dies der Fall ist, weiss zu ziehen, $p = \frac{3}{5}$; mithin ist

$$\Pi = \frac{9}{125}.$$

Die Wahrscheinlichkeit, eine andere Farbe zu treffen, ist dagegen nach dieser Ursache

$$\Pi' = \frac{3}{25} \cdot \frac{2}{5} = \frac{6}{125}.$$

6. Lehrsatz: Die Wahrscheinlichkeit für das Wiedereintreten eines schon mehrfach eingetretenen Ereignisses E ist gleich der Summe aus den Produkten der Wahrscheinlichkeiten aller möglichen Ursachen von E in die Wahrscheinlichkeiten von E zufolge dieser Ursachen, dieselben als gewiss gesetzt.

Voraussetzung: E ist mehrmals eingetreten; Wahrscheinlichkeit, dass e_i die Ursache hierfür war, sei $P_i \cdot (i = 1, 2, \dots m)$. Wahrscheinlichkeit von E, falls e_i gewiss ist, sei p_i.

Behauptung: Wahrscheinlichkeit, dass E wieder eintreten wird, ist

$$\Pi = P_1 p_1 + P_2 p_2 + \cdots + P_m p_m = \sum_{i=1}^{m} P_i p_i.$$

Beweis: Nach vorigem Satze ist die Wahrscheinlichkeit, dass E zufolge der Ursache e_i wieder eintreten wird,

$$\Pi_i = P_i p_i \qquad (i = 1, 2, \cdots m).$$

Mithin folgt die gesuchte Wahrscheinlichkeit:

$$\Pi = \sum_{i=1}^{m} \Pi_i = \sum_{i=1}^{m} P_i p_i \text{ (I, § 3)}.$$

Beispiel: Im vorigen Beispiel werde nach der Wahrscheinlichkeit gefragt, auch im vierten Zuge wieder weiss zu ziehen. Es ist

$$P_1 = \frac{125}{225},\ P_2 = \frac{64}{225},\ P_3 = \frac{27}{225},\ P_4 = \frac{8}{225},\ P_5 = \frac{1}{225}.$$

$$p_1 = 1 = \frac{5}{5},\ p_2 = \frac{4}{5},\ p_3 = \frac{3}{5},\ p_4 = \frac{2}{5},\ p_5 = \frac{1}{5}.$$

Mithin folgt:

$$\Pi = \frac{625 + 256 + 81 + 16 + 1}{1125} = \frac{979}{1125}.$$

Für die Wahrscheinlichkeit dagegen, im vierten Zuge eine andere Farbe erscheinen zu sehen, ist

$$p_1 = 0,\ p_2 = \frac{1}{5},\ p_3 = \frac{2}{5},\ p_4 = \frac{3}{5},\ p_5 = \frac{4}{5}.$$

Mithin folgt

$$\Pi = \frac{125.0 + 64 + 54 + 24 + 4}{1125} = \frac{146}{1125} = 1 - \frac{979}{1125},$$

wie es ja selbstverständlich ist.

Zusatz: Sind die verschiedenen Ursachen, sowie die Wahrscheinlichkeiten, welche sie dem Ereignis erteilen, unbekannt, so kann man trotzdem aus der Anzahl des Eintretens eines Ereignisses auf die Wahrscheinlichkeit des Wiedereintretens schliessen. Man nimmt alsdann eine unendliche Anzahl von gleich wahrscheinlichen Ursachen an, so dass die Wahrscheinlichkeiten von E nach diesen Ursachen alle Werte zwischen 0 und 1 haben. Ist nun das Ereignis E μ-mal eingetreten, so ist die Wahrscheinlichkeit, dass die Ursache e_i wirksam war

$$P_i = \frac{p_i^\mu}{\sum\limits_{i=0}^{1} p_i^\mu},$$

wo $0 \leqq p_i \leqq 1$ ist und i alle Werte zwischen 0 und 1 annimmt. Dann ist die Wahrscheinlichkeit für das Wiedereintreten von E zufolge der Ursache e_i

$$\Pi_i = P_i p_i = \frac{p_i^{\mu+1}}{\sum\limits_{i=0}^{1} p_i^\mu}.$$

Mithin ist die Wahrscheinlichkeit, dass das Ereignis E überhaupt zufolge irgend einer Ursache wieder eintreten wird

$$\Pi = \sum_{i=0}^{1} \Pi_i = \sum_{i=0}^{1} P_i p_i = \sum_{i=0}^{1} \frac{p_i^{\mu+1}}{\sum\limits_{i=0}^{1} p_i^\mu}$$

$$= \frac{\sum\limits_{i=0}^{1} p_i^{\mu+1}}{\sum\limits_{i=0}^{1} p_i^\mu} = \frac{\sum\limits_{i=0}^{1} p_i^{\mu+1}\, dp}{\sum\limits_{i=0}^{1} p_i^\mu\, dp}.$$

Die Ausrechnung dieser Summen ist leicht, da sie bekanntlich bestimmte Integrale darstellen. Es ist daher:

$$\Pi = \frac{\int\limits_0^1 p^{\mu+1}\, dp}{\int\limits_0^1 p^\mu\, dp} = \frac{\left[\frac{p^{\mu+2}}{\mu+2}\right]_0^1}{\left[\frac{p^{\mu+1}}{\mu+1}\right]_0^1} = \frac{\frac{1}{\mu+2}}{\frac{1}{\mu+1}} = \frac{\mu+1}{\mu+2}.$$

Man ersieht aus diesem Resultat, dass das Wiedereintreten eines Ereignisses desto wahrscheinlicher ist, je öfter es bereits eingetreten ist.

Anmerkung: In diesem Resultat liegt auch die Beweiskraft physikalischer, nur durch die Erfahrung erkannter Gesetze. Hat man durch Versuch eine Thatsache, etwa die elektrische Anziehung und Abstossung, festgestellt, ohne dieselbe erklären zu können, so kann man, wenn nur 1000 Menschen je 50-mal diese Wahrnehmung gemacht haben, mit der Wahrscheinlichkeit $\frac{50001}{50002}$, also fast mit Gewissheit, erwarten, dass dieses Ereignis bei einem neuen Versuche wieder eintreten wird, und diese Wahrscheinlichkeit vermehrt sich beim jedesmaligen Wiedereintreten, so dass den nur erfahrungsmässig erkannten Gesetzen in der That moralische Gewissheit zukommt, auch wenn man Gründe für sie nicht angeben kann.

Vierter Abschnitt.

Anwendung der Wahrscheinlichkeitslehre auf die Grundlagen der Lebensversicherung.

1. Das Wesen der Lebensversicherung besteht darin, dass Jemand einmal oder lebenslänglich oder eine gewisse Zeit hindurch Beiträge zahlt und dafür die Gewissheit erkauft, dass bei seinem Tode den Erben eine im voraus bestimmte Summe ausbezahlt wird. Es ist ohne Weiteres klar, dass im Falle eines frühen Todes des Versicherten der Versicherer einen erheblichen Nachteil erleidet; soll er das Geschäft also überhaupt eingehen, so müssen die Beiträge so gewählt sein, dass diejenigen der lange lebenden Personen den Ausfall decken. Jeder Prospekt einer Versicherungsgesellschaft zeigt dieses Verhältnis. So muss z. B. bei der Hannoverschen Lebens-Versicherungs-Anstalt ein dreissigjähriger entweder eine einmalige Summe von 470,40 M. einzahlen, oder einen jährlichen Beitrag von 23,30 M. leisten, um beim Tode 1000 M. zu hinterlassen. Legt man bei der Rechnung eine Verzinsung von 4 % zu Grunde, so folgt aus den Gleichungen

$$470{,}40 \cdot 1{,}04^x = 1000$$

und

$$23{,}30 \cdot 1{,}04 \cdot \frac{1{,}04^x - 1}{0{,}04} = 1000$$

im ersten Falle $x = 19$, im zweiten $x = 24$.

Wird also der Versicherte im ersten Falle älter als 49, im zweiten älter als 54 Jahre, so ist seine Versicherung durch seine Beiträge gedeckt, und die nunmehr noch erfolgenden Beiträge sowie die Verzinsung der schon gezahlten Beiträge decken den durch die Auszahlung des Kapitals für die früher Sterbenden entstandenen Ausfall. Der Segen der Versicherungsgesellschaften liegt also nicht etwa darin, dass das bei ihnen eingezahlte Geld als gute Kapitalsanlage gelten kann, sondern zunächst in der absoluten Sicherheit, welche sie für die Hinterlassung eines Kapitals auch bei frühem Tode gewähren, und sodann in der Hebung des Gemeinsinnes, indem diejenigen, welche lange Zeit hindurch Beiträge zahlen, das Bewusstsein haben, dadurch für die Hinterbliebenen der vorzeitig gestorbenen Mitbürger gesorgt zu haben.

Neben der Lebensversicherung ist der wichtigste Geschäftszweig, welchen die meisten Gesellschaften ausserdem betreiben, die Rentenversicherung. Hierbei wird einmal oder eine gewisse Zeit hindurch jährlich ein Beitrag geleistet, damit der Versicherte von einer bestimmten Zeit an jährlich eine im voraus festgesetzte Rente bis zu seinem Tode bezieht. Stirbt der Versicherte vor der Erreichung desjenigen Alters, in welchem die Rente zu laufen beginnt, so hat die Gesellschaft von dem Geschäfte offenbaren Vorteil. Bei Auszahlung der Renten dagegen muss sie bei einigermaassen langem Leben der Versicherten Nachteil haben; denn andernfalls läge für niemanden ein Reiz darin, sich gerade bei einer Versicherungs-Gesellschaft oder Renten-Anstalt eine solche Rente zu kaufen, da er sie durch jede andere Kapitalsanlage ebenfalls erlangen würde. Ein einfaches Beispiel wird dies noch deutlicher zeigen:

Will ein fünfundzwanzigjähriger sich bei der Gesellschaft Germania zu Stettin vom vollendeten fünfzigsten Lebensjahre an eine jährliche Rente von 1000 M. sichern, so muss er entweder 4301 M. auf einmal bezahlen oder jährlich 296,50 M. beitragen. Aus den Gleichungen

$$4301 \cdot 1{,}04^{25+x} = 1000 \cdot \frac{1{,}04^{x+1} - 1}{0{,}04}$$

und $$296{,}50 \cdot \frac{1{,}04^{25} - 1}{0{,}04} \cdot 1{,}04^{1+x} = 1000 \cdot \frac{1{,}04^{x+1} - 1}{0{,}04}$$

folgt $x = 13$ im ersten Falle, und
$x = 16$ im zweiten Falle.

Unter der Voraussetzung, dass man das fünfzigste Jahr überschreitet, dagegen das dreiundsechszigste resp. sechsundsechszigste Jahr nicht mehr erlebt, würde man durch eine andere Kapitalsanlage sich also denselben Vorteil sichern, ohne sich dem Risiko auszusetzen, das ganze Geld bei vorzeitigem Absterben für die Erben verloren zu sehen. Auch hier müssen daher die früheren Gewinne der Gesellschaft die späteren Einbussen decken.

Die Höhe der Beiträge muss daher so geregelt werden, dass weder ein hoher Gewinn des Versicherers, noch sein schnelles Bankerottwerden unvermeidlich wird. Würden bei dem ersten Beispiel etwa 10 000 dreissigjährige Personen solche Versicherungen abschliessen, so würde bei den früh Sterbenden die Gesellschaft grosse Verluste haben, bei den später Sterbenden kleinere, bei denjenigen, welche das 49. resp. 54. Jahr überschreiten, kleine Gewinne, bei denen, die ein hohes Alter erreichen, grosse Gewinne.

Bei beliebiger Wahl der Beiträge lässt sich nicht annehmen, dass man sie gerade so treffen wird, dass die später erfolgenden Gewinne die früheren Verluste ausgleichen, und es wird einer der beiden zu vermeidenden Fälle eintreten. Da man nun aber keineswegs sicher weiss, in welchem Alter eine jede der vorausgesetzten 10 000 Personen sterben wird, oder auch nur, wie viele in jedem Jahre sterben werden, so kann die Berechnung der Beiträge nur nach wahrscheinlichen Werten für das Sterben und Lebenbleiben erfolgen. Das erste Erfordernis einer Versicherungsgesellschaft ist also eine Tafel, welche diese wahrscheinlichen Werte enthält.

2. Die Konstruktion einer solchen Tafel stützt sich auf einige Begriffe, zu welchen wir zunächst übergehen müssen. Ueberdies setzt sie voraus, dass das Absterben oder Lebenbleiben einer Person für das folgende Jahr überhaupt eine Wahrscheinlichkeit hat, welche der Rechnung unterworfen werden kann. Nun ist klar, dass man wohl zufolge der besonderen Umstände eines bestimmten Menschen von einer grösseren

oder geringeren Wahrscheinlichkeit seines baldigen Todes sprechen kann, dass man aber bei einem normalen, gesunden Menschen absolut nichts über den Zeitpunkt seines Todes aussagen kann, weder, ob derselbe bald, noch ob er spät erfolgen wird. Betrachtet man dagegen eine grosse Anzahl von Personen, und verfolgt ihr Absterben von Jahr zu Jahr, so findet man erfahrungsmässig in der Zahl der Sterbenden doch eine gewisse Regelmässigkeit, und bei denselben äusseren Umständen auch nur wenig von einander abweichende Zahlen. Es herrscht hier ein ähnliches Verhältnis, wie beim Aufwerfen eines Würfels. Die Wahrscheinlichkeit, 3 Augen zu werfen, ist zwar $\frac{1}{6}$; nichts desto weniger ist das Verhältnis der Anzahl, welche das Erscheinen von 3 ausdrückt, zur Anzahl der Würfe gewöhnlich von $\frac{1}{6}$ verschieden; es ist diesem Werte aber um so näher, je häufiger das Aufwerfen geschieht. So kann auch in einem bestimmten beobachteten Falle bemerkt worden sein, dass von 750 zehnjährigen Kindern nur 743 das elfte Jahr überschritten, während 7 im Laufe dieses Jahres starben. Daraus den Schluss zu ziehen, dass dies gewöhnlich so ist, und dass mit grosser Wahrscheinlichkeit stets von 750 zehnjährigen Kindern sieben im Laufe des nächsten Jahres sterben werden, wäre ebenso übereilt und falsch, als wenn man aus der Thatsache, dass irgendeinmal unter 100 Würfen 20-mal die Augenzahl 3 erschienen wäre, den Schluss zöge, dass die Wahrscheinlichkeit für diesen Wurf stets $\frac{20}{100} = \frac{1}{5}$ sei, da sie doch als $\frac{1}{6}$ von vornherein bekannt ist. Die Erfahrung aber, dass unter sehr grossen Zahlen beobachteter Menschen das Verhältnis der Sterbenden zu den Lebenden unter gleichen Umständen nur sehr geringe Abweichungen zeigt, beweist unwiderleglich, dass dieses Verhältnis thatsächlich von diesen äusseren Umständen, zu welchen vorzüglich das gleiche Alter gleichzeitig Beobachteter gehört, abhängt, dass es also eine Funktion dieser Umstände, also auch des Alters ist. Der Unterschied von dem vorigen Falle besteht darin, dass dort die Wahrscheinlichkeit im voraus, a priori, bekannt ist, und man aus den Beobachtungen die thatsächlichen Abweichungen von dem a priori wahrscheinlichsten Fall erschliessen kann, während hier aus den beobachteten Verhältnissen das nunmehr am wahrscheinlichsten eintretende, dessen Eintreten, wie wir gesehen haben, an sich höchst unwahrscheinlich ist (I, 9, Anm.), erst erschlossen werden soll.

3. Erkennt man die Berechtigung zur Anwendung der Wahrscheinlichkeitslehre auf das Leben und Sterben der Menschen an, so gilt ohne Weiteres folgendes:

Definition: Die Lebenswahrscheinlichkeit einer Person ist ein Bruch, in dessen Zähler die Anzahl derjenigen Personen steht, welche am Schluss des nächsten Jahres noch am Leben sind, und dessen Nenner die Anzahl der Personen des betrachteten Alters bildet; ebenso ist die Sterbewahrscheinlichkeit ein Bruch, in dessen Zähler die Anzahl der im Verlaufe des nächsten Jahres sterbenden Personen steht, und dessen Nenner durch die Anzahl der Personen des betrachteten Alters gebildet wird.

Analytisch stellen sich diese Definitionen folgendermaassen dar:

Ist die Anzahl der gleichzeitig lebenden Personen vom Alter a l_a, und leben von diesen nach einem Jahre noch l_{a+1}, so dass also $l_a - l_{a+1}$ Personen während dieses Jahres gestorben sind, so ist für jede Person vom Alter a die Wahrscheinlichkeit, das Alter $(a+1)$ zu erreichen, also die Lebenswahrscheinlichkeit für das nächste Jahr

$$p_{a+1} = \frac{l_{a+1}}{l_a},$$

und die Sterbewahrscheinlichkeit ist

$$q_a = \frac{l_a - l_{a+1}}{l_a} = 1 - p_{a+1}.$$

Zusatz I: Die Wahrscheinlichkeit, das Alter $(a+n)$ noch zu erreichen, also nach n Jahren noch am Leben zu sein, setzt sich zusammen aus den Wahrscheinlichkeiten, das 1te, 2te, 3te, . . . n-te Jahr noch zu erleben. Sind nun die Anzahlen der Personen, welche diese Jahre noch erleben, der Reihe nach

$l_{a+1}, l_{a+2}, \dots l_{a+n}$, so sind die einzelnen Lebenswahrscheinlichkeiten der Reihe nach für den a-jährigen, $(a+1)$-jährigen, ... $(a+n-1)$-jährigen

$$p_{a+1} = \frac{l_{a+1}}{l_a}, \; p_{a+2} = \frac{l_{a+2}}{l_{a+1}}, \; \dots \; p_{a+n} = \frac{l_{a+n}}{l_{a+n-1}}.$$

Daher ist für einen a-jährigen die Wahrscheinlichkeit, am Ende des n-ten Jahres noch am Leben zu sein, nach Teil I, § 5:

$$p_a^{(n)} = p_{a+1} \cdot p_{a+2} \cdots p_{a+n} = \frac{l_{a+n}}{l_a}.$$

Da die Sterbewahrscheinlichkeit für den $(a+n)$-jährigen $q_{a+n} = \frac{l_{a+n} - l_{a+n+1}}{l_{a+n}}$ ist, so ist ebenso für einen a-jährigen die Wahrscheinlichkeit, sein $(a+n)$-tes Jahr noch zu durchleben, während des nächsten Jahres aber zu sterben:

$$p_a^{(n)} \cdot q_{a+n} \text{ oder } p_a^{(n)} \cdot (1 - p_{a+n+1}).$$

Wie man leicht sieht, ist dieser letzte Ausdruck

$$p_a^{(n)} - p_a^{(n)} \cdot p_{a+n+1} = p_a^{(n)} - p_a^{(n+1)},$$

also gleich der Wahrscheinlichkeit, das n-te Jahr noch zu durchleben, vermindert um die Wahrscheinlichkeit eines a-jährigen, das Alter $(a+n+1)$ noch zu erreichen.

Anmerkung: Ist $p_a^{(n)} = \frac{1}{2}$, so nennt man n die fernere wahrscheinliche Lebensdauer eines a-jährigen Menschen, und $(a+n)$ seine ganze wahrscheinliche Lebensdauer. Diese Wahrscheinlichkeit drückt aus, dass es für eine a-jährige Person ebenso wahrscheinlich ist, nach n Jahren noch zu leben, also das Alter $(a+n)$ zu überschreiten, als dass sie zu dieser Zeit schon gestorben sein wird.

Zusatz II: Da $p_a^{(n)}$ und $p_b^{(n)}$ die Lebenswahrscheinlichkeiten einer a-jährigen und einer b-jährigen Person für das n-te Jahr sind, so sind ihre Wahrscheinlichkeiten, innerhalb dieses Zeitraumes von n Jahren zu sterben

$$q_a^{(n)} = 1 - p_a^{(n)} \text{ und } q_b^{(n)} = 1 - p_b^{(n)}.$$

Daher ist nach Abschnitt I, § 5, die Wahrscheinlichkeit

1. dass beide Personen nach n Jahren noch leben: $p_a^{(n)} \cdot p_b^{(n)}$,
2. dass die erste nach n Jahren noch lebt, die zweite nicht mehr: $p_a^{(n)} \cdot q_b^{(n)}$,
3. dass die erste nach n Jahren nicht mehr lebt, dagegen die zweite: $q_a^{(n)} \cdot p_b^{(n)}$,
4. dass beide nach n Jahren gestorben sind: $q_a^{(n)} \cdot q_b^{(n)}$.

Die drei letzten Fälle drücken zusammen den Umstand aus, dass nicht mehr beide Personen am Leben sind; hierfür ist also die Wahrscheinlichkeit

$$p_a^{(n)} \cdot q_b^{(n)} + q_a^{(n)} \cdot p_b^{(n)} + q_a^{(n)} \cdot q_b^{(n)} \quad \text{(I, § 3)}.$$

Da dieser Umstand der Gegensatz des ersten Falles ist, so muss diese Wahrscheinlichkeit auch gleich

$$1 - p_a^{(n)} \cdot p_b^{(n)}$$

sein; es folgt somit

$$1 - p_a^{(n)} \cdot p_b^{(n)} = p_a^{(n)} \cdot q_b^{(n)} + q_a^{(n)} \cdot p_b^{(n)} + q_a^{(n)} \cdot q_b^{(n)}$$

oder

$$p_a^{(n)} \cdot p_b^{(n)} + p_a^{(n)} \cdot q_b^{(n)} + q_a^{(n)} \cdot p_b^{(n)} + q_a^{(n)} \cdot q_b^{(n)} = 1.$$

Da $p_a^{(n)} + q_a^{(n)} = 1$ und $p_b^{(n)} + q_b^{(n)} = 1$ zufolge der Definition, so ergiebt sich obiges Resultat leicht durch die Multiplikation

$$\left(p_a^{(n)} + q_a^{(n)}\right)\left(p_b^{(n)} + q_b^{(n)}\right) = 1.$$

4. **Konstruktion der Sterblichkeitstafel:**

Hat man durch Beobachtung die Zahlen l_0, l_1, l_2, ... festgestellt, und stellt λ diejenige Anzahl Neugeborener dar, mit welcher man die Tafel beginnen will, so braucht man zufolge der Annahme der Proportionalität des Absterbens nur die Werte der Lebenswahrscheinlichkeiten, p_1, $p_0^{(2)}$, ..., also die Quotienten $\frac{l_1}{l_0}$, $\frac{l_2}{l_0}$, ... mit λ zu multiplizieren, um die gewünschte Tafel der Anzahlen derer, die das betreffende Alter noch erreichen, zu erhalten. Ebenso geben die Produkte $\lambda \cdot q_0$, $\lambda \cdot q_0^{(2)}$, $\lambda \cdot q_0^{(3)}$, ... die Zahlen der Gestorbenen.

Will man dagegen die Zahlen der in jedem Jahre Gestorbenen erhalten, so sind die Ausdrücke q_0, $p_1 q_1$, $p_0^{(2)} \cdot q_2$, $p_0^{(3)} \cdot q_3, \ldots$ der Reihe nach mit λ zu multiplizieren; denn dann erhält man:

$$\lambda \cdot \frac{l_0 - l_1}{l_0},\ \lambda \cdot \frac{l_1}{l_0} \cdot \frac{l_1 - l_2}{l_1},\ \lambda \cdot \frac{l_2}{l_0} \cdot \frac{l_2 - l_3}{l_2},\ \lambda \cdot \frac{l_3}{l_0} \cdot \frac{l_3 - l_4}{l_3}, \ldots.$$

d. i.

$$\lambda \cdot \frac{l_0 - l_1}{l_0},\ \lambda \cdot \frac{l_1 - l_2}{l_0},\ \lambda \cdot \frac{l_2 - l_3}{l_0},\ \lambda \cdot \frac{l_3 - l_4}{l_0}, \ldots.$$

also offenbar die Differenzen der Zahlen

$$\lambda,\ \lambda \cdot \frac{l_1}{l_0},\ \lambda \cdot \frac{l_2}{l_0},\ \lambda \cdot \frac{l_3}{l_0},\ \lambda \cdot \frac{l_4}{l_0}, \ldots.$$

Bemerkung: Die Tafel besteht dann aus zwei Kolonnen, deren erste die Lebensalter, deren zweite die Anzahl derjenigen Personen enthält, welche dieses Alter noch erreichen. Gewöhnlich fügt man noch eine dritte Kolonne hinzu, welche die zuletzt erwähnten Differenzen der zweiten enthält, also die Anzahlen der im Laufe der betreffenden Jahre Gestorbenen. Alle diese Zahlen interessieren jedoch sehr wenig; von Wichtigkeit sind nur ihre Verhältnisse, welche die Lebens- und Sterbenswahrscheinlichkeiten der einzelnen Alter ausdrücken. Da man nun doch thatsächlich diese Verhältnisse zuerst hat und daraus erst die Tafeln berechnet, so ist es zu verwundern, warum man die wichtigeren Verhältniszahlen nicht lieber tabellarisch ordnet. Diese Anordnung ist ein Beweis dafür, wie schwer irgend ein alter, eingewurzelter Zopf auszurotten ist. Sie stammt nämlich von der ersten sogenannten Sterblichkeitstafel, welche der berühmte Halley 1692 nach ganz andern Principien aufstellte, weil ihm als Material nur die Totenlisten der Stadt Breslau aus den Jahren 1687—1691, im ganzen 5809 gestorbene Personen zu Gebote standen. Hieraus konnte er natürlich keine Sterbenswahrscheinlichkeiten ableiten.

Anmerkung: Das geeignetste Material zur Aufstellung einer Tafel bieten geschlossene Gesellschaften, weil nur hier wirklich die einzelnen Leben bis zum Tode eines jeden verfolgt werden können. Am häufigsten wird auch heute noch von den meisten deutschen Gesellschaften die 1843 veröffentlichte Tafel der

17 englischen Gesellschaften gebraucht, deren Material 83 905 beobachtete Leben mit 13 781 Sterbefällen bildeten; die Beobachtungszeit umfasste dabei 78 Jahre. Im Jahre 1868 übertrug das Kollegium für Lebensversicherungs-Wissenschaft zu Berlin einer Kommission, welche aus den bedeutendsten Lebensversicherungs-Mathematikern Deutschlands bestand, die Aufgabe, aus den Erfahrungen von 23 deutschen Gesellschaften eine deutsche Sterblichkeitstafel zu konstruieren. Dieselbe erschien 1883; sie führt Männer und Frauen getrennt auf nach einem Materiale von 562 223 beobachteten männlichen und 296 277 weiblichen Leben. Diese Tafel wird bereits den Rechnungen mehrerer deutschen Gesellschaften zu Grunde gelegt und wird zweifellos in Deutschland allgemeinen Eingang finden.

Man darf solche Tafeln übrigens nicht für Sterblichkeitstafeln der ganzen Bevölkerung halten, da einerseits die Gesellschaften eine Anzahl von Personen, welche Versicherungs-Anträge stellen, wegen eigener Krankheit oder wegen in der Familie vorgekommener Sterbefälle an solchen Krankheiten, deren Disposition erfahrungsmässig erblich ist, zurückweisen, andrerseits die niedrigsten und höchsten Lebensalter in diesen Gesellschaften in so geringer Anzahl vertreten sind, dass kein Schluss aus ihnen möglich ist. Die zuletzt genannte Tafel beginnt daher mit dem zwanzigsten und schliesst mit dem neunzigsten Lebensjahre.

5. Ich wende mich jetzt zu einer kurzen Erläuterung der wichtigsten Rechnungen, welche bei einer Versicherungsgesellschaft vorkommen. Die erschöpfende Behandlung aller hierher gehörigen Aufgaben geht allerdings weit über den Rahmen und Zweck dieses Buches hinaus. Diese Rechnungen zerfallen ihrer Natur nach in zwei Arten, in diejenige der Beiträge, welche von dem Versicherten zu leisten sind, und in diejenige der sogenannten Prämienreserve. Die erstere braucht nur einmal ausgeführt zu werden, und ihre Resultate werden alsdann im Tarif der Gesellschaft zusammengestellt, die letztere muss alljährlich von neuem angestellt werden.

Für die Berechnung der Aufgaben der zuerst genannten Art ist das Princip maassgebend, dass die mathematische Hoffnung der Gesellschaft zur Zeit des Abschlusses des Geschäftes ihrer mathematischen Besorgnis gleich ist, dass also die Hoffnung des Versicherten genau so gross ist, als diejenige des Versicherers. Der Faktor k (II, § 1) kann hierbei gleich 1 gesetzt, also fortgelassen werden.

Aufgabe I. Eine a-jährige Person will bei ihrem Tode das Kapital c hinterlassen.

a) Welche einmalige Einzahlung hat sie zu machen?

b) Welche jährlichen Beiträge, praenumerando zahlbar, hat sie zu leisten?

Lösung: a) Die Einzahlung sei x, so ist die Hoffnung der Gesellschaft, da sie diese Summe mit der Wahrscheinlichkeit 1, der Gewissheit, erhält, gleich x.

Sind die Sterbewahrscheinlichkeiten einer a-jährigen, $(a+1)$-jährigen, ... Person q_a, q_{a+1}, ... 1, (beim höchsten in der Tafel enthaltenen Alter), so stellen die Ausdrücke

$$q_a \cdot c, \quad q_{a+1} \cdot c, \ldots\ldots$$

die Komponenten der Besorgnis der Gesellschaft dar, also, wenn man den Aufzinsungsfaktor (bei 4 % gleich 1,04) mit r bezeichnet, den Abzinsungs- oder Diskontirungsfaktor daher mit $\frac{1}{r}$, die Ausdrücke

$$q_a \cdot c \cdot \frac{1}{r}, \quad q_{a+1} \cdot c \cdot \frac{1}{r^2}, \quad q_{a+2} \cdot c \cdot \frac{1}{r^3}, \ldots$$

die gegenwärtigen Werte dieser Komponenten. Die Besorgnis der Gesellschaft beträgt daher

$$q_a \cdot c \cdot \frac{1}{r} + q_{a+1} \cdot c \cdot \frac{1}{r^2} + q_{a+2} \cdot c \cdot \frac{1}{r^3} + \ldots \text{ (II, § 2).}$$

Daher ist

$$x = c\left(\frac{q_a}{r} + \frac{q_{a+1}}{r^2} + \frac{q_{a+2}}{r^3} + \ldots\right).$$

b) Die Besorgnis der Gesellschaft ist dieselbe, als im Falle a).

Wird der jährliche Beitrag mit x bezeichnet, und sind die Lebenswahrscheinlichkeiten einer a-jährigen, $(a+1)$-jährigen,...

Person p_{a+1}, p_{a+2}, ... 0 (beim höchsten in der Tafel enthaltenen Alter), so sind

$$x, \quad p_{a+1}\cdot x, \quad p_{a+2}\cdot x, \ldots .$$

die Komponenten der Hoffnung der Gesellschaft, und

$$x, \; p_{a+1}\cdot \frac{x}{r}, \quad p_{a+2}\cdot \frac{x}{r^2}, \ldots .$$

deren gegenwärtige Werte. Auch hier ist die Hoffnung wiederum gleich der Summe derselben, und setzt man diese der Besorgnis gleich, so solgt

$$x\left(1+\frac{p_{a+1}}{r}+\frac{p_{a+2}}{r^2}+\cdots\right)=c\left(\frac{q_a}{r}+\frac{q_{a+1}}{r^2}+\cdots .\right),$$

mithin

$$x=\frac{c\left(\frac{q_a}{r}+\frac{q_{a+1}}{r^2}+\frac{q_{a+2}}{r^3}+\cdots .\right)}{1+\frac{p_{a+1}}{r}+\frac{p_{a+2}}{r^2}+\cdots ..}$$

Aufgabe II: Eine a-jährige Person will eine von ihrem vollendeten b-ten Lebensjahre an beginnende, post-numerando zahlbare Rente im Betrage von c M. erwerben.

a) Welche einmalige Zahlung hat sie zu machen?

b) Welche jährlichen prae-numerando zahlbaren Beiträge hat sie bis zu Beginn des b-ten Lebensjahres zu leisten?

Lösung: a) Die Einzahlung sei x, so ist die Hoffnung der Gesellschaft gleich x.

Die Wahrscheinlichkeit, dass die versicherte Person am Schluss des b-ten Lebensjahres, also nach $(b-a)=t$ Jahren, noch lebt, ist

$$p_a^{(t)}=p_{a+1}\cdot p_{a+2}\cdot p_{a+3}\cdots\cdot p_{a+t} \text{ (IV, § 3, Zus. I)},$$

und die weiteren Lebenswahrscheinlichkeiten einer b-jährigen, $(b+1)$-jährigen, ... Person sind

$$p_{b+1}, \; p_{b+2}, \ldots .. 0.$$

Die Komponenten der Besorgnis der Gesellschaft sind daher

$$p_a^{(t)}\cdot c, \quad p_{b+1}\cdot c, \quad p_{b+2}\cdot c, \ldots .$$

mit den gegenwärtigen Werten

$$p_a^{(t)} \cdot \frac{c}{r^t}, \quad p_{b+1} \cdot \frac{c}{r^{t+1}}, \ldots .$$

Setzt man die Summe derselben, also die ganze Besorgnis der Gesellschaft, wiederum ihrer Hoffnung gleich, so erhält man

$$x = c\left(\frac{p_a^{(t)}}{r^t} + \frac{p_{b+1}}{r^{t+1}} + \frac{p_{b+2}}{r^{t+2}} + \ldots\right).$$

b) Die Besorgnis der Gesellschaft ist dieselbe als im Falle a).

Die Hoffnung auf die Einzahlung der Beiträge x ist, da die Wahrscheinlichkeiten auf Erreichung des $(a+1)$ten, $(a+2)$ten, ... $(a+t-1) = (b-1)$ten Lebensjahres seitens des Versicherten

$$p_{a+1}, p_{a+2}, \ldots . p_{a+t-1}$$

sind,

$$x, \quad p_{a+1} \cdot x, \ldots . p_{a+t-1} \cdot x,$$

mit den gegenwärtigen Werten

$$x, \quad p_{a+1} \cdot \frac{x}{r}, \quad p_{a+2} \cdot \frac{x}{r^2}, \ldots . p_{a+t-1} \cdot \frac{x}{r^{t-1}}.$$

Setzt man die Gesamthoffnung ihrem gegenwärtigen Werte nach wiederum gleich dem gegenwärtigen Werte der Besorgnis, so ist

$$x\left(1 + \frac{p_{a+1}}{r} + \frac{p_{a+2}}{r^2} + \cdots + \frac{p_{a+t-1}}{r^{t-1}}\right) = c\left(\frac{p_a^{(t)}}{r^t} + \frac{p_{b+1}}{r^{t+1}} + \ldots\right)$$

und folglich

$$x = \frac{c \cdot \left(\frac{p_a^{(t)}}{r^t} + \frac{p_{b+1}}{r^{t+1}} + \frac{p_{b+2}}{r^{t+2}} + \ldots\right)}{1 + \frac{p_{a+1}}{r} + \frac{p_{a+2}}{r^2} + \cdots + \frac{p_{a+t-1}}{r^{t-1}}}.$$

Aufgabe III: Eine a-jährige Person will für eine b-jährige eine mit dem Tode der ersten beginnende post-numerando zahlbare Rente im Betrage von c M. erwerben.

a) Welchen Kaufpreis hat sie zu entrichten?

b) Welche jährlichen prae-numerando zahlbaren Beiträge hat sie zu leisten? Dieselben hören selbstverständlich auf, falls die b-jährige Person früher stirbt, als die den Beitrag zahlende a-jährige.

Lösung: a) Die Hoffnung der Gesellschaft ist wiederum der Einzahlung gleich, also gleich x.

Zur Auszahlung kommt die Rente nur, wenn die erste Person gestorben ist, falls dann die zweite noch lebt. Für das Sterben der ersten Person bestehen die Wahrscheinlichkeiten

$$q_a, \; q_{a+1}, \; q_{a+2}, \ldots\ldots 1;$$

für das Lebenbleiben der zweiten der Reihe nach die Wahrscheinlichkeiten

$$p_{b+1}, \; p_{b+2}, \; p_{b+3}, \ldots\ldots\ldots 0.$$

Mithin bestehen für das Auszahlen der Rente in den einzelnen Jahren die Wahrscheinlichkeiten

$$q_a \cdot p_{b+1}, \; q_{a+1} \cdot p_{b+2}, \; q_{a+2} \cdot p_{b+3}, \ldots\ldots$$

Danach ergiebt sich die Besorgnis der Gesellschaft, gleich auf ihren gegenwärtigen Wert reduciert,

$$q_a \cdot p_{b+1} \cdot \frac{c}{r} + q_{a+1} \cdot p_{b+2} \cdot \frac{c}{r^2} + q_{a+2} \cdot p_{b+3} \cdot \frac{c}{r^3} + \cdots$$

Mithin ist

$$x = c \cdot \left(\frac{q_a \cdot p_{b+1}}{r} + \frac{q_{a+1} \cdot p_{b+2}}{r^2} + \frac{q_{a+2} \cdot p_{b+3}}{r^3} + \cdots \right).$$

b) Die Besorgnis der Gesellschaft ist dieselbe, wie im Falle a).

Die Beiträge, x, werden nur gezahlt, falls beide Personen leben, wofür der Reihe nach die Wahrscheinlichkeiten sind

$$p_{a+1} \cdot p_{b+1}, \; p_{a+2} \cdot p_{b+2}, \ldots\ldots$$

Mithin ist die auf den gegenwärtigen Wert reduzierte Hoffnung der Gesellschaft

$$x + p_{a+1} \cdot p_{b+1} \cdot \frac{x}{r} + p_{a+2} \cdot p_{b+2} \cdot \frac{x}{r^2} + \cdots\cdots$$

Setzt man sie gleich der Besorgnis, so ergiebt sich

$$x = \frac{c \cdot \left(\frac{q_a \cdot p_{b+1}}{r} + \frac{q_{a+1} \cdot p_{b+2}}{r^2} + \frac{q_{a+2} \cdot p_{b+3}}{r^3} + \cdots \right)}{1 + \frac{p_{a+1} \cdot p_{b+1}}{r} + \frac{p_{a+2} \cdot p_{b+2}}{r^2} + \cdots}.$$

Bemerkung: Die auf die angegebene Weise berechneten Werte können in den Tarifen der Gesellschaften nicht als die geforderten Beiträge der Versicherten erscheinen; denn sie stellen ja, wie die Rechnung ergiebt, genau dasjenige dar, was die Gesellschaft an die Versicherten zu leisten hat. Da nun die Verwaltung einer grossen Gesellschaft ausserdem noch mit erheblichen Kosten verknüpft ist, so werden die aus der Rechnung sich ergebenden Beiträge, Netto-Prämien genannt, noch um einen gewissen Procentsatz erhöht, und die so entstehenden Brutto-Prämien erscheinen alsdann in den Tarifen der Gesellschaften.

6. Man kann die behandelten Aufgaben noch von einem andern Gesichtspunkte aus ansehen. Bei der ersten Aufgabe ist die Besorgnis der Gesellschaft für das erste Jahr $q_a \cdot c$, also mit dem gegenwärtigen Werte $\frac{q_a \cdot c}{r}$. Daher wird keiner der beiden Teile, weder der Versicherer, noch der Versicherte, eine Einbusse erleiden, wenn der Versicherte diesen Betrag als Prämie einzahlt. Ist das Jahr verflossen, so hat die Gesellschaft für das nächste Jahr in derselben Weise die Besorgnis $q_{a+1} \cdot \frac{c}{r}$; also müsste dieses der neue Beitrag des Versicherten sein. Man erhielte dann von Jahr zu Jahr sich ändernde Prämien vom Betrage

$$q_a \cdot \frac{c}{r}, \quad q_{a+1} \cdot \frac{c}{r}, \quad q_{a+2} \cdot \frac{c}{r}, \cdots$$

Da die Sterbenswahrscheinlichkeit mit höherem Alter zunimmt, also

$$q_a < q_{a+1} < q_{a+2} < \cdots\cdots$$

ist, so folgt, dass auch die Prämien von Jahr zu Jahr steigen; auch eine solche Prämienzahlung ist vollkommen korrekt und den Grundlagen der Rechnung entsprechend. Doch ist sie vom Publikum abgelehnt worden; dasselbe findet es bequemer, entweder eine einmalige Einzahlung zu leisten, oder jährlich gleich bleibende Beiträge zu zahlen, ja, wenn es eine Veränderung derselben zugeben wollte, so müsste es die umgekehrte sein, die Beiträge müssten von Jahr zu Jahr kleiner werden. Es werden deshalb auch viele Versicherungs-Verträge so abgeschlossen, dass die Beitragspflicht nach einer bestimmten Reihe von Jahren aufhört. Wird nun die ganze Besorgnis der Versicherungs-Gesellschaft auf einmal oder in gleichen Prämien bezahlt, so ist klar, dass die Gesellschaft in den ersten Jahren mehr erhält, als ihre Besorgnis für je ein Jahr beträgt, in den späteren Jahren dagegen weniger. Dieses Mehr der ersten Jahre darf sie natürlich nicht nach Belieben verwenden; denn es muss ja das Minder der späteren Jahre ausgleichen. Daher muss diese nach dem Ausdruck von Hopf „anticipierte Prämie“ nebst Zinsen und Zinseszinsen reserviert bleiben; sie bildet das, was man die Prämienreserve nennt. Dieselbe stellt also den Ueberschuss der Hoffnung der Gesellschaft über ihre Besorgnis zu jeder beliebigen Zeit dar, oder, wenn man das, was ihr bereits gezahlt ist, von ihrer Hoffnung in Abzug bringt, muss diese Reserve den Ueberschuss der Besorgnis der Gesellschaft über ihre Hoffnung zu jeder Zeit decken, also ihm gleich sein.

Aus dieser Begriffsbestimmung ergeben sich sehr leicht die notwendigen Regeln zur Berechnung der Reserve. Ihre Durchführung an den drei Aufgaben des vorigen Paragraphen wird daher vollständig zur Erläuterung genügen.

Reserveberechnung für die Aufgabe I:

Hier ist n Jahre nach Abschluss der Versicherung die gesamte Besorgnis der Gesellschaft offenbar gleich dem einmaligen Beitrage, welchen eine $(a+n)$-jährige Person zum Abschluss einer ebensolchen Versicherung leisten müsste. Im Falle a) ist die Hoffnung gleich 0, weil die Gesellschaft nichts mehr zu bekommen hat; mithin ist die Reserve vollständig gleich jener Besorgnis. Im Falle b) hat die Gesellschaft noch Prämien im Betrage x zu erhalten, worauf sie im gegenwärtigen Moment die Hoffnung hat

$$x + p_{a+n+1} \cdot \frac{x}{r} + p_{a+n+2} \cdot \frac{x}{r^2} + \cdots,$$

welche Summe daher von jener Besorgnis noch abzuziehen ist, damit man die Reserve erhält.

Reserveberechnung für die Aufgabe II:

Hier ist ebenso nach n Jahren die Besorgnis der Gesellschaft gleich der einmaligen Einzahlung, welche eine $(a+n)$-jährige Person machen müsste, um die gleiche Rente zu kaufen. Im Falle a) ist dies also die Reserve. Im Falle b) ebenfalls, wenn $(b-a) < n$ ist, alle Prämien also schon gezahlt sind. Ist dagegen $(b-a) > n$, so sind noch Prämien x zu erwarten, deren gegenwärtiger Betrag an Hoffnung zur betrachteten Zeit

$$x + p_{a+n+1} \cdot \frac{x}{r} + p_{a+n+2} \cdot \frac{x}{r^2} + \cdots + p_{a+n+b-(a+n+1)} \cdot \frac{x}{r^{b-(a+n+1)}}$$

ist. Diese Summe ist also von jener Besorgnis noch abzuziehen.

Reserveberechnung für die Aufgabe III:

Hier ist nach n Jahren zu unterscheiden, ob die zahlende Person noch lebt oder nicht. Ist sie noch am Leben, so ist die Besorgnis der Gesellschaft ebenso wie vorher gleich der einmaligen Einzahlung, welche eine $(a+n)$-jährige Person machen müsste, um für eine $(b+n)$-jährige dieselbe Rente zu erwerben. Im Falle a) ist dies die Reserve. Im Falle b) dagegen ist die durch die noch zu zahlenden Beiträge x verursachte Hoffnung im gegenwärtigen Betrage

$$x + p_{a+n+1} \cdot p_{b+n+1} \cdot \frac{x}{r} + p_{a+n+2} \cdot p_{b+n+2} \cdot \frac{x}{r^2} + \cdots$$

davon noch abzuziehen.

Ist die zahlende Person dagegen schon gestorben, während die andere noch lebt, so sind in beiden Fällen, a) und b), keine Beiträge mehr zu erwarten; die Hoffnung ist also gleich Null. Die Besorgnis aber ist gleich dem einmaligen Beitrage, welchen eine $(b+n)$-jährige Person leisten müsste, um eine sofort beginnende Rente in demselben Betrage zu erwerben. Diese Besorgnis stellt die Reserve dar. Man erhält sie durch eine leichte Modifikation der Aufgabe II, Fall a).

Bemerkung: Nach dem Erörterten könnte es scheinen, dass die jährliche Berechnung der Prämienreserven überflüssig sei, da es ja den Rechnungsgrundlagen zufolge genügen müsste, den jedesmal aus den Netto-Prämien vorhandenen Ueberschuss nebst Zinsen und Zinseszinsen zu reservieren. Dem ist aber nicht so, und zwar deshalb, weil der Eingang der Beiträge und der Abgang der Zahlungen durchaus nicht streng nach den Werten der Lebens- und Sterbenswahrscheinlichkeiten erfolgt, welche der Rechnung zu Grunde liegen. Dies hat verschiedene Ursachen:

Erstens geben selbst die besten Tafeln noch nicht die richtigen Werte für diese Wahrscheinlichkeiten an, weil das Material, nach dem sie zusammengestellt sind, zu gering war.

Zweitens ist das Eintreten des wahrscheinlichsten Falles, also das Sterben genau nach den richtigen Werten der Lebens- und Sterbenswahrscheinlichkeiten sehr unwahrscheinlich; man darf eben nur keine erheblichen Abweichungen davon erwarten (I, § 9. Anm.).

Drittens ist die Zahl der Versicherten viel zu klein, als es den Rechnungsgrundlagen entspricht; sollte dieses letztere der Fall sein, so müssten von jeder einzelnen Versicherungsart Tausende von Versicherungen von Personen des gleichen Alters zur selben Zeit abgeschlossen sein.

Aus den genannten Gründen tritt in jedem Jahre eine Uebersterblichkeit oder Mindersterblichkeit ein. Will eine Gesellschaft den Stand ihres Geschäftes kennen, so muss sie daher alljährlich die Prämienreserven für alle Versicherungen berechnen lassen und zurücklegen, was alle reellen Gesellschaften auch thatsächlich thun.